U0894854

刘丽云 — 编著

决定你
人生的不是能力
而是格局

图书在版编目(CIP)数据

决定你人生的不是能力，而是格局 / 刘丽云编著 . -- 南京 : 江苏凤凰文艺出版社 , 2018.5

ISBN 978-7-5594-1887-6

Ⅰ . ①决… Ⅱ . ①刘… Ⅲ . ①成功心理－通俗读物 Ⅳ . ① B848.4-49

中国版本图书馆 CIP数据核字(2018) 第 071490号

书　　名	决定你人生的不是能力，而是格局
编　　者	刘丽云
策划编辑	李　根
责任编辑	袁　媛　姚　丽
出版发行	江苏凤凰文艺出版社
出版社地址	南京市中央路 165号，邮编：210009
出版社网址	http://www.jswenyi.com
印　　刷	北京中振源印务有限公司
开　　本	700×990毫米　1/16
印　　张	17
字　　数	152千字
版　　次	2018年 6月第 1版　2018年 6月第 1次印刷
标准书号	ISBN 978-7-5594-1887-6
定　　价	38.00元

（江苏文艺版图书凡印刷、装订错误可随时向承印厂调换）

前　言

一个人要想在事业上取得成功，应当志存高远，经过不懈努力，培养大的格局，才能品味极致的人生。只有人生的奋斗目标明确了，才能很好地规划人生的大格局。

我们不要盲目地羡慕别人的好运与成就，反思一下自己是否有足够大的格局迎接人生中的一切：遭遇不幸时，是否足够的坚强乐观；面对困难时，是否敢于鼓起勇气担当；被人误会时，是否能宽宏大量地对待一切；名利纷至沓来时，是否能宠辱不惊、再铸辉煌……如果人生格局足够大，即使挫折再多，也一样能好运接连不断。

毕竟，决定人生的不是能力，而是格局，有什么样的格局就有什么样的结局。一个有大格局的人，懂得审局，深谙于布局，懂得气定神闲地运局，他能跳出个人的视角去审视和处理各种纷繁复杂的人和事，然后获取成功。

把握住自己的格局，不管是生活还是事业，甚至人生，都要懂得取舍有度，才能逐步构筑辉煌的人生。简单说，所谓大格局，就是从大处着眼，不拘泥于眼前，为大局着想，目标锁定长远的发展，看待问题有战略的眼光，不以小人之心度君子之腹，包容万象。格局有多大，目标就有多大。

哈佛大学曾经在 1979 年对应届毕业生做了一个调查。在调查中，他们询问应届毕业生中有多少人有明确的人生目标，结果只有 3% 的人有明确的人生目标并且写在了日记本上。他们把这些人列为第一组，另外有 13% 的人在脑子里有人生目标但没有写在纸上，他们把这些人列为第二组，其余 84% 的人都没有明确的人生目标，他们的想法是完成毕业典礼后先去度假放松一下，这些人被列为第三组。

10 年后，哈佛大学又把当初的毕业生全部召回来重新做调查，结果发现第二组的人，即那些有人生目标但没有写在纸上的毕业生，他们每个人的年收入平均是那 84% 没有人生目标毕业生的两倍。而第一组的人，即那些 3% 的把明确人生目标写在日记本上的人，他们的年收入是第二组和第三组人的收入相加后的 10 倍。

可见，目标或志向决定了一个人的格局大小，对一个人的事业发展非常重要。有大志向的人不会让自己得过且过，不仅胸怀大志，还会从点滴做起。为了明天的成功，耐住今天的寂寞，集中精力支配自己的时间。

另外，有大格局的人应当取舍有度，因为人生最后的追求，不是拥有多少财富，而是拥有取舍的淡然心态。把名利置之度外，把不舍置之脑后，不为失去痛心疾首。明确不舍不能得到，小舍只能小得，大舍方能大得。以平和的心态面对取舍，才能达到放下的境界、拥有取舍的人生。

记得有这么一段文字：极尽三千繁华，不过弹指一刹那，百年云烟过后，不过是一捧黄沙。不争就是慈悲，不辨就是智慧，不贪就是布施，断恶就是行善，改过就是忏悔。的确，懂得进退，方能成就人生；懂得取舍，便能淡定从容。

拥有大格局者，遇事还会审视自己，不会把责任推给他人，敢担当、敢挑战、敢面对。能把握布局，重视审局，选中适合自己的领域，气定神闲运筹帷幄。遇事能跳出格局，谨慎处理，完美解决让人头疼的复杂事物，达到人生更高更完美的境界。

人生需要不断地挑战自我，尝试新鲜的事物，让我们从心灵最深处去挖掘自己的人生动力，成为肩负责任的人。这是一种勇气，更是一种强大的信念，相信这种信念会让我们克服困难，变得更加自信。

芸芸众生，命运不同，大浪淘沙之后，剩下的是那些拥有大格局的人。只有懂得格局定成败，取舍定人生，才能活得更豁达洒脱，达到人生的巅峰。拥有大格局的人，才能拥有自己的精彩。

目　录

第一章　定位：有什么样的格局，就有什么样的人生

第二章　自知：与心对话，搞明白自己是谁

第三章 潜能：改变人生从改变自己开始

第四章 心态：放弃消极，好心态塑造好格局

第五章 包容：不断突破取舍，才能持续扩大格局

第六章 内存：优化知识结构，充实大格局的内在支撑力

第七章 眼光：规划人生，你的理想蓝图有多大

第八章 布局：从人脉上完成对格局的突破

第九章 冒险：大格局不是冒进，但不排斥冒险

第十章 胸怀：气度决定格局，做人要大气

第十一章 | 志向：决定一个人格局大小的关键

第十二章 | 担当：有大格局的人自有担当

第一章

定位：有什么样的格局，就有什么样的人生

我们不要盲目地羡慕别人，反思一下自己是否有足够大的格局迎接人生中的挑战：遭遇不幸时，是否能乐观地面对；面对困难时，是否敢于鼓起勇气担当；被人误会时，是否能宽宏大量地对待一切……如果人生格局足够大，那么即使挫折再多，也一样能好运不断！

有什么样的格局，就有什么样的人生

在物欲横流的今天，有的人看重权势，有的人看重金钱。然而我们都知道，一个乞丐如果中了100万依然是乞丐，一个富翁掉了100万依然是富翁。其实，左右人生的并非身外之物，而是我们的格局！

何谓“格局”？《说文解字》中将其解释分为四层意思。一是指图案或形状，“格局”之“格”为格式，其“局”指布局；二是意指局势、态势；三是形容人的眼界与胸襟；四是可以表示一个范围。

事实上，说到“格局为何”，电影《一代宗师》已经做了很好的回答，即所谓“看自己、看天地、看众生”。简单来说，格局指一个人的眼界、胸襟、胆识等心理要素的内在布局。

只会盯着树皮里的虫子不放的鸟儿是飞不到白云之上的，只有眼里和心中装满了山河天地的雄鹰才能在天地间自由地翱翔。所以，有什么样的格局，就有什么样的人生，在这个竞争激烈的社会，若想脱颖而出，就要努力修炼大格局，让自己的实力无可匹敌。

曾任Google、微软全球副总裁，2009年创办了创新工场任董事长兼首席执行官的李开复说过一句话，“胸宽则能容，能容则众归，众归则才聚，才聚则业兴。”也就是说，胸怀宽广的人才能得到众人的帮助，获得好的成就。

有这样一个故事，三个工人在工地砌墙，有人问他们在做什么？第一个人没好气地说：“我在砌墙，你没看到吗？”第二个人笑笑说：“我们在盖一幢高楼。”第三个人笑容满面地说：“我们正在建一座新城市。”10 年后，第一个人仍在砌墙，第二个人成了工程师，而第三个人是前两个人的老板。

在生活当中受格局影响的事情太多了，那些无法获得大成就的人，大多是没有大格局的人。对一个人来说，格局有多大，人生就有多大。古今中外，大凡成就伟业者，他们都是一开始就从大处着眼，一步步地构筑他们辉煌的人生大厦。

古人云：谋大事者首重格局。有什么样的格局，就有什么样的胸襟气度和精神境界。有大格局者，心中如有一片海，脚下踏有千条路。小格局者，心里只装“三分地”、眼里盯着一己“福利”。我们要学着去放大自己的格局，让自己掌控自己的人生，让此生少些遗憾。

做事有格局的人，不会鼠目寸光，急功近利。不是站在现处的位置看自己，而是会站在未来的角度看现在，然后依据看到的制定可行性计划并积极行动。比如你在一个公司已经做到副总经理的位置了，没有格局的人就会想着全力保住自己的职位，向上级邀功。而有格局的人则会努力帮助总经理升职，因为只有等到总经理升职后，自身才有机会更上一层楼。

一个人的命运不是取决于上天的安排，而是取决于他自身的人生格局。放大人生格局，成功自会降临，格局放得越大，你的人生就越不可思议。人生犹如棋局，要学习的不是技巧，而是布局；格局大了，未来的路才能更宽。先有大格局，后有大事业。有大心量者，方能有大格局，有大格局者，方能成大气候。

人生好比一盘棋，结局是由这盘棋的格局所决定。在人与人的对弈中，舍卒保车、飞象跳马……种种棋着就如人生中的每一次拼搏，输赢的关键就在于我们能否把握住棋局。要想赢得人生的这盘棋局，就应当站在统筹全局的高度，有运筹帷幄而决胜千里的方略与气势。棋局决定棋势的走向，我们只有掌握了大格局，才能掌控了大局势。

人生须有一个好的格局，才能有一个好的结局。那么，我们该如何提高人生格局呢？

1. 重新定义人生

“人生30岁才开始”这句话已经随着时代的进步而彻底瓦解，有许多人到了50岁才找到了人生的新希望。20岁没有实现的梦想，可以到30岁去做，或者留到40岁也无妨。现在50岁以前都还是青年人。

2. 确立鲜明的个人风格

人以风格鲜明为佳，鲜明的个人风格会自动抹掉不利的细节。所以，我们要建立鲜明的个人风格，维护个人的生存方式，拓展个人的生存空间。

3. 有强烈的欲望

如果你对某一件事要求很低，那么你就会对它范围之外的事视而不见。我们要有强烈的欲望，才更容易有大的格局。

4. 把眼光放远

很多人都是在到了一定的位置之后才去想要做的事情，这样常常会让自己赶不上发展，成为生活的被动者。一个有着大格局的人绝对不会被生活牵着鼻子走。所以，我们需要扩宽视野，把眼光放远，找到你最想做的那份答卷。

5. 有大胸怀

对于生活当中的一些琐事，尽量不去惹麻烦，你需要大一点的胸怀。有大格局的人不会斤斤计较于眼前的蝇头小利或一时的得失，他们清楚“所有短期看起来很划算的事，都是折本的买卖”，所以将眼光放在3年、5年甚至10年后。

放大格局，你的人生将不可思议

去公园散步，经常看到老人带着孩子，肆无忌惮地把免费厕纸拿回家去用；去饭店吃饭，总有人因为上菜太慢指着服务员破口大骂，他们爽了口舌，表面上占了上风，却失了风度与包容；和朋友聚餐，一到买单就假装接电话或上卫生间的“机灵鬼”。他们的朋友注定越来越少，这样的人斤斤计较，注定难成大器……

有这样一句谚语：再大的烙饼也大不过烙它的锅。意思是说：你可以烙出大饼来，但是你烙出的饼再大，它也得受烙它的那口锅的限制。我们所希望的未来就好像这张大饼一样，是否能烙出满意的“大饼”，完全取决于烙它的那口“锅”——也就是所谓的“格局”。

我们站在山脚下的时候，我们看到的风景非常有限，当我们爬上山腰的时候，我们看到的景色就远远比在山脚看到得多。站在更高位置的时候，我们就更清楚哪些东西是主要的，哪些东西是次要的，这就是格局的缘故。

从古至今，有格局的国家才能持续发展，国富民强；有格局的企业才能做大做强，永续经营；有格局的人才能不断突破，成就一生。永远不要低估他人的能力，更不要看轻自己的能力。当我们的格局放大时，人生将会变得不可思议。

谋大事者必要布大局，对于人生这盘棋来说，我们首先要学习的不是技巧，而是布局。大格局，即以大视角切入人生，力求站得更高、看得更远、做得更大。大格局决定着事情发展的方向，掌控了大格局，也就掌控了局势。

“态度决定高度，格局影响结局。”如果我们想寻求更好的发展，就应该先为自己策划一个大的人生格局。有了大格局之后，就能够对事业和成功有一个正确的把握，也能对各种资源进行合理的分配，这样的话，就能够一步一个脚印地走好成功之路，从而达到人生的顶端。

我们都知道下象棋、围棋的时候，很多初学者，只懂得走一两步，比较厉害的人能预测到对手的棋步。真正高境界的人是心中有格局无棋局，心态自如镇定自若。如闲庭信步，信手拈来如若本能。

在历史上，那些有着人生大格局的人往往能成就一番伟业。张良未雨绸缪、高瞻远瞩、视野宽广，赢得汉高祖刘邦“夫运筹帷幄之中，决胜千里之外，吾不如子房”的赞誉；诸葛亮雄才伟略、心胸宽广、顾全大局，他的空城计、草船借箭、舌战群儒等传奇故事被人们津津乐道；晋朝名臣谢安随机应变、胸有成竹、从容坦然，故能做到泰山崩于前而色不变；唐太宗李世民志向远大、胸襟开阔、宽厚仁慈，开创了大唐盛世。

不得不说，一个心装大格局的人，能以跳出棋局外的视角，“运帷幄，算周详”，在棋盘三寸以外的地方俯瞰全局，“高屋建瓴谋发展，胸有甲兵定战略”；一个心装大格局的人，近观结合远眺，谋定而后动，“得志纵横任冲击，未雨绸缪且预防”，用智慧彰显力量；一个心装大格局的人，懂得风雨不惊地“收局”。得，有什么？失，又有什么？过去未来共斟酌，知足常乐。

有一名园艺设计师向雇用他的富豪请教：“先生！我看您的事业越做越大，看了真让人羡慕。请您教我一点创业的方法吧！”

这名富豪说：“好吧！我看你在园艺方面很有才华，经营这方面的事业应该会很得心应手。我的工厂旁边有块大空地，我们就来种一些树苗吧！树苗的成本与其中栽培所需的费用都由我来支付，你就负责浇水、除草和施肥等工作。三年后得到的利润，我们一人分一半。”

园艺设计师却连连摇头：“我没做过那么大的生意，我看还是算了吧！”

放大你的格局，就可以改变你的未来。你千万别害怕改变，不要像那个园艺设计师因为格局小而失去了机会。

人生需要不断地挑战自我，尝试新鲜的事物，从心灵最深处去挖掘人生动力，成为肩负责任的人。这是一种勇气，更是一种强大的信念，相信这种信念会让我们克服困难，变得更加自信。我们要做大格局的人，这样才能取得更大的成功。

格局不够大，成就再高也有限

有一句话说得好，你的心有多大，你的舞台就有多大；你的格局有多大，你的心就能有多宽！而拥有小格局的人，往往会因为生活的不如意而怨天尤人；因为一点小的挫折就一筹莫展；看待问题的时候常常是一叶障目，不见泰山，成为碌碌无为的人。

如果把石榴树的种子放到花盆里栽种，最多只能长到半米多高；如果把它放到一个大一点的盆子里，就能够长到 1 米多高；如果把它放在庭院里，就能够长到 5 米以上。虽然是同一个石榴种子，由于生长环境的不同，结局就不同。其实，人也一样，如果一个人将自己放在一个比较广阔的格局中去，他就能够有大的成就。如果他将自己放在一个比较小的格局里面，那么，他就很难有大的作为。

如果一个人被小格局所束缚，那么他就会有一个鼠目寸光般的思维，缺乏主动进取的热情。一个人如果陷在了小格局当中，即使他很有才华，能够在某些领域取得一些成就，那也是有限的。

马云说过，一个人的格局有多大，就会做成多大的事情。格局是一个人的眼光，眼光能够看多远，你就能够收获多久的硕果。马云当年看好互联网，他认为：未来是互联网的天下，没有互联网将寸步难行。因为相信，所以他成功了。很多事因为看别人成功了才去相信，眼见的事实只能说明你的眼光只有今天、明天，而不知道后天怎么样。

小王进入工厂后，由于工作努力，5 年之后就成为了生产车间的主任。这让周围的人羡慕不已，小王为此也常沾沾自喜。

有一次，一位已经是老板的同学对小王说：“哥们儿，以你的经验和资历完全可以‘自立门户’。”这是实话。当时是“下海”创业的高峰期，很多有野心的人都当了老板。

小王回家后把这事和老婆说了，他老婆吃惊地说：“这样的‘野心’可千万不能有，我们现在这样不是挺好的吗？弄不好的话鸡飞蛋打，我们这些年的成果可就都没有了啊！”

小王满足于他的车间主任，便打消了这个念头。

时间转瞬即逝，又5年过去了，小王也变成了老王，还是做他的车间主任。不久厂里人事大整顿，老板要给厂里“换新血”，而且还换到了老王的头上。老崔感到十分生气，觉得老板是卸磨杀驴，过河拆桥。但是，这时候却没有人愿意搭理他了，他的抱怨也只能是自言自语。

小王败就败在了格局上。他把自己放在了一个狭隘的空间里，对生活没有太大的目标。当初，小王如果能够有一个长远的打算，对生活有一个大的追求，5年之后，他也许就成了老板。

在生活中，我们往往容易受内心的“不可能”，局限自己。所以，做这个觉得很难，做那个也觉得很难，最后什么都做不成。有格局的人，他们内心没有“不可能”，他们生活中有远大的方向，知道自己的未来在哪里，知道自己需要什么。所以，他们敢于去面对，去挑战。这样具备谋大事格局的人，自然能迎来成功。

当然，我们得承认人总是很容易沉溺在自己的情绪里，劝不动，逃不脱，在自怨自艾中消磨生命力。可是情绪本身其实就是格局的产物，一个格局大的人往往不会任由自己的主观情绪长时间地影响自己的判断、选择。而一个容易产生愤怒、焦虑、仇恨的人也往往没有什么大格局，因为情绪产生的判断和选择往往也会让生活越来越狭隘。

不得不说，那些真正厉害的人，不是那些自以为很厉害、常常吹嘘自己很厉害的人，而是那些格局很大，明明很厉害，却一点不以为然，不声不响，不显山露水，却气质非凡、气场慑人的人。虽然成长环境、人生阅历、自我修炼都会使格局千差万别，但是改变格局才是可以改变人生路径的根本。否则无论环境如何变，最终的结局也不会有变化。

一个人的格局可以影响他的一言一行。面对困难，不畏惧；面对挑战，不退缩。能够经受住大风大浪的人，命运自然决定着他能走多远，事业会有多大的发展。在生活中，我们应该给自己制定一个较高的人生目标，不能因为一点小的收获就停滞不前。只有我们看得远了，才能够走得更远。

别给自己设太小的“局”，和“局限”说再见

在生活中，很多时候我们不是不想取得成功，也不是不想去努力奋斗，而是往往会因为一些客观因素的阻挠和羁绊而苦恼不已。在受到阻挠之后，我们会把这些东西归结为个人能力、外部环境、社会时代的局限。在这种心态的影响之下，我们做事情就失去了动力和激情。

不得不说，局限是存在的。但这并不是说，当我们遇到一些限制的时候就应该退出或者转身。在绝大多数情况下，我们感受到的限制并不是因为社会的因素。在很多情况下，不过是自卑的心理给自己设定了一个极限而已。正因为我们把自己放在了一个狭隘的范围之内，才会让自己感到困难重重，从而产生了“不可能”的思想。

我们虽然渴望成功，渴望机遇的眷顾，却不敢承担失败的代价。在面对困难时，总想找借口逃避，或者怨天尤人。我们害怕失败，害怕被人嘲笑，所以我们做起事来瞻前顾后，犹豫不决，甚至退缩逃避。所有的这些，只会让我们离梦想和成功越来越远。这是不对的，因为心中的不敢，会成为将来的遗憾，当年华老去之后，毫无疑问我们会鄙视自己，鄙视自己当初的懦弱。

勇敢者都有一种乐观的心态，心中充满希望。他们不因遭遇黑暗而颓唐，不因遭受委屈而抱怨，当机会来临之时，他们会第一个紧紧抓住。勇敢者不会在意一时的得失，他们心存高远，豪气干云，仗剑天涯。勇敢者都敢于不断地否定自我，突破自我的局限，面对不平与挑战，勇敢为之。

敢为的人是敢于打破常规，能跳出传统怪圈的。他们不会委曲求全，

自我屈从，做一些除了浪费生命以外毫无意义的事情。他们知道什么是自己必须要做的，也知道自己想要什么。他们能永远向前，紧紧扣住时代的脉搏，从而成为时代的弄潮儿。

曾经听一个很有成就的人说：做人可以失败，但是不能没有格局。再困难也要大气地做人，不要显得小家子气。看一个人有没有成就，就看他做事的能力，做人的气度。大气的人，一定能做成大事。所谓“海纳百川，有容乃大”，要想做大事，就需要具备如此大格局，装得下委屈，装得下困难，自然能装得下成功的喜悦。

二战时期，有一位士兵在战斗中受了伤，喉部被弹片击中。由于失血过多，他一直处于昏迷状态，先后输了7次血才度过危险期。

当他醒来的时候，发现自己无法动弹，还说不出话。于是，他写了一张纸条递给医生，上面写道：“医生，请问我还能活下去吗？”

医生回答：“可以。”他又写了一张纸条：“我还能不能说话？”医生又回答他说：“可以的。”最后，他写了一张纸条：“那我还担心什么啊！”

的确，一个健康的人，往往不会在意是否可以说话，能不能继续生存的问题。而一旦自己受了伤，才会觉察健康的宝贵。受伤也是一种成长，事情意外发生，你就无法改变这种结果。你能正确看待，就不会感到绝望，就能走出阴影。

在我们的一生之中，总会遇到一些不愿去面对的事情，给我们带来身心疲惫的感受，让我们像受伤的小袋鼠一样，想要逃回母亲温暖的口袋里。然而，能否在种种折磨和煎熬中挺过来，是你能否成功的重要一步。

我们面临的困难和限制只不过是人的心障。因为害怕困难，我们就给自己的思想设置了一堵墙，把自己关在墙内，不敢越雷池一步。其实，只要我们敢于打破这种心理的限制，就会发现，困难并没有那么可怕，成功也没有那么遥远。我们要相信自己的能量，不能主观地自我设限。毕竟，很多事情的解决并不是我们的能力达不到，而是因为我们给自己设的“局”太小。如果我们能够打破这种小格局，突破自我限制的话，就能拥有更广阔的空间。

遵循内心，做自己所想

在我们的生活中，有不少人都有从众心理。他们在做事情的时候，不敢带头、不敢冒尖，一切的选择以别人的选择为基准，从来没有想到过这种选择究竟适不适合自己，是否有利于自己的发展和成功。

其实，在事业的选择上，我们最好还是保持一个清醒的大脑，保持一份特立独行。毕竟，别人选择的未必就适合自己，如果我们总是选择别人所选择的，那么我们的发展空间就会变得越来越狭窄，人生格局也会越来越小，一辈子碌碌无为。

秦文君有言："人的生命是一个灿烂的过程，每个人都是世上的一个过客，要做怎样的过客，那是每个人的选择。"心灵是一个人的根，人们的观念在心灵深处徘徊而升华；心灵是一个人的灵魂，人们的举动因为灵魂的辗转而改变。面对人生的一次次选择，我们应始终保持一颗炽热温暖的心、一颗坚毅不屈的心、一颗纯洁高尚的心，做出正确的选择。

乔布斯告诉我们，一定要遵循内心。问题是，普通人到底应该怎么做选择呢？普通人遵循自己的内心，就一定会成功吗？当然不是，遵循内心仅仅是一个开始。

乔布斯不做苹果也有可能做出其他震惊世人的产品，这就是现实。你以为往后退就一定会安全，会成功吗？不会的，生活的麻烦总会找上你。反正左右都有可能失败，倒不如去做自己想做的事情好了，至少痛快了，而且没准能探索出新的可能性。即使没有，也没关系，成功了让人高兴，失败了也没有太大的损失。

有一个女孩，在高中的时候非常喜欢美术，并决定以此为职业。她的学习成绩非常好，完全有希望考上重点大学，但是她却报考了一所美术大专。虽然父母极力反对，但她却平静地说："我明白你们的意思，但我还是坚持自己的意见，因为美术才是我真正喜欢的。"最后，他们只好尊重女儿的选择。

女孩毕业后被一家大公司聘为设计师，成为一名白领。不久，女孩竟辞职准备开一家小店，专门经营饰品、花卉和艺术品。她的父母大为惊讶，开始轮番做思想工作。女孩却说："在那个大公司我不快乐，我只是想遵循自己的心。"

最后，女孩把小店开了起来。父母到底是心疼女儿，空闲的时候也来店里帮忙。现在女孩的小店非常红火，每天都有很多顾客光临。

女孩很幸运，她知道自己想要什么样的生活，而且她敢于追求并乐在其中。而现实中，有很多人不知道自己想要什么，于是虚度光阴。又有些人知道自己想要什么，但不去实现，于是总是抱怨。遵循内心，做你所想，向生活发出挑战，坚持过后就能成功！

当年，胡适先生在出国留学的时候，哥哥反复强调"要学有用之学"，千万别学文学、哲学之类"没饭吃的东西"，建议他学开矿或造铁路，因为这些专业比较好找工作。因而在进入康奈尔大学后，他采用折中的办法选择了学农学。在无法让他产生兴趣的农学专业上折腾一阵后，他决定按照个人的兴趣爱好重新选择专业，转到了文学院。

试想，如果当初胡适先生不去满足自己内心的愿望而坚持不喜欢的专业，中国是不是会少了一位大家？所以胡适 1958 年在大学就学生专业选择发表演讲时说：别太倾向于现实，要依着"性之所近，力之所能"去选择，要跟着自己的兴趣走。

记得电影《龙猫》里有一句话："有时候我沉默，不是不快乐，只是想把心净空，有时候你需要退开一点，清醒一下，然后提醒自己，我是谁，要去哪里？"我想，每一个人都需要这样，我们从一开始就要明白自己需要什么，然后开始奋斗。

在巴黎，罗丹用6年时间雕刻了巴尔扎克雕像，但当时高明的鉴赏家难以接受这种新的表现手法。而多年后那座雕塑被抬出来再次接受审视时，人们不得不惊异于罗丹在构思上的创新。还是在巴黎，贝聿铭耗时13年主持卢浮宫扩建工程，他的设计最初因风格与卢浮宫不合而饱受非难，而后来卢浮宫前的玻璃金字塔被巴黎人民认可，成为塞纳河畔的经典之作。梵高年少时拒绝为教会创作神像，而走向大自然，创作出精彩的画作。虽穷困一生，但画作得到了后人极高的评价。

罗丹的6年，贝聿铭的13年，梵高的一辈子，都选择了不囿于前人思想的创作形式。他们勇敢地用璀璨的艺术品诠释了自己内心的灵感与激情。

严歌苓说：“我发现一个人在放弃给别人留好印象的负担之后，原来心里会如此踏实。一个人不必再讨人欢喜，就可以像我此刻这样，停止受累。”是啊，做最真的自己，遵从自己内心的意愿。让懂的人懂，让不懂的人不懂，不管岁月流年，不管蜚语流言。去做自己想做的事情，这样你的人生会更加精彩。

明确自己的理想，确立大的人生格局

在生活中，我们经常看到一些身怀绝技的“天才”，他们身上有着别人无法超越的优点，但是他们的人生却是失败的。很多人认为这些人受到了上天的捉弄和命运的嘲笑，实际上他们失败的原因不是别的，而是因为他们自己把路走“窄”了。当一个人选择了一个比较低的目标之后，他的人生格局就会变得十分狭促，他所选择的道路也就变得很窄，他的人生也将毫无亮色。

很多大人物之所以能成功，是因为他们从自己还是小人物的时候就开始构筑人生的大格局。所谓大格局，就是拥有开放的心胸，可以容纳博大的理想，设立长远的目标，以发展的、战略的、全局的眼光看待问题。对一个人来说，格局有多大，人生就有多大。

林语堂曾说：“梦想无论怎样模糊，总潜伏在我们心底，使我们的心境永远得不到宁静，直到这些梦想成为事实才止；像种子在地下一样，一定要萌芽滋长，伸出地面来，寻找阳光。”如果一个人没有理想，就好像身处在一片黑暗之中，找不到前进的方向。因此，我们必须要树立自己的理想，确立大的人生格局。

霍金是当今最杰出的科学家之一，他在小的时候就对模型特别着迷，他还和别人一起制作了很多不同种类的战争游戏。正是这些驱使他攻读了博士学位，并在黑洞和宇宙论的研究上获得重大成就。

在霍金十三四岁的时候，他就抱定决心长大要从事物理学和天文学的相关研究。学士毕业后，霍金转到剑桥大学攻读博士，研究宇宙学。

可是天有不测风云，不久，霍金发现自己患上了会导致肌肉萎缩的卢伽雷病。这时的霍金只有 21 岁，却被禁锢在轮椅上。

因为得了肺炎而接受穿气管手术，他再也不能说话。全身瘫痪的他，只有三个手指能活动，要靠电动轮椅代替双脚，说话和写字要靠电脑和语言合成器帮忙。

这种打击对霍金的影响是巨大的，起初他打算放弃从事研究的理想。但在理想的支撑下，最后他还是从挫折中站起来，继续醉心研究，取得了更加辉煌的成绩。

霍金一生从事理论物理学的研究，著作包括《时间简史》及《果壳中的宇宙》。在别人眼里，霍金是不幸的，但他的精神使其成为当之无愧的学习典范。

毫无疑问，志向决定了一个人的格局大小，对一个人的事业发展非常重要。曾国藩有自己的远大志向“有民胞物与之量，有内圣外王之业，而后不忝于父母之所生，不愧为天地之完人”。在这样的志向激励下，曾国藩在国家危难之际办起团练，拉起湘军与太平军展开殊死搏斗，几挫几起，最终获得胜利。他还办洋务，倡海禁，励精图治，以至成为清朝的“中兴之臣”。

曾国藩的成功与他的“坚卓之志”是分不开的。用他自己的话说，就是：“有破釜沉舟之志，则远游不负；若徒悠忽因愣，则近处尽可度活。”可见，一个有远大理想的人，总是不停地超越自我，开拓思路，尝试新的途径，力争比身边的人走得更远。他意志坚定，总是激励自己付出更多努力，最后也就获得了更大的成就。

所以，我们要想取得辉煌的事业，就不能被现实所迷惑，要敢于为自己树立一个大的目标，确立一个大的人生格局。

格局大一点，对自己狠一点，离成功才近一点

在弱肉强食、竞争残酷的社会，我们大多数人都是小学生。缺乏必要的认知和训练，喜欢幻想，意志薄弱，做事犹豫，害羞胆小，心理素质差，内心也不够强大，很容易受他人影响，被他人控制。许多人习惯性地把工作当成“糊口的差事”。抱有这样心态的人，他们对生活的追求也就只能停留在吃饱穿暖上，他们的人生就失去了意义。即使这种人有着聪明的大脑，但受到较小格局的影响，人生也不可能有什么作为。正确的选择是，放弃只为口粮奔忙的生活态度，对自己狠一点，这样才能离成功近一点。

每个人的命运都紧紧地握在自己手中。总有一天，你的努力一定会换来相应的回报。如果你始终抱着侥幸心理，一味地纵容自己，并试图坐享其成，那么你将得不到什么有用的回报。从来没有听说过，一个坐着不动的人会被脚下的路面绊倒。但他永远也无法征服远方，他享受的是坐在椅子上的舒适。任何时候都不想亏待自己，那么他永远也不会看到外面风景的美丽。

一个人的生活态度决定他成就的大小。一个志在千里的人绝不会仅仅停留在对吃饭穿衣的追求上。他们知道，吃饭是为了活着，而活着却不是为了吃饭，他们要让自己活出精彩，并且充满成功和致富的欲望，在这些欲望的鼓励和鞭策之下，他们得到了越来越多的东西。

曾看到这样一个故事。

谭盾从小就非常喜欢拉小提琴，可是他刚到美国时，却必须靠到街

头拉小提琴卖艺来赚钱。很幸运地，谭盾和一位认识的黑人琴手一起争到了一个能赚钱的好地盘——一家商业银行的门口。

几个月后，谭盾靠着卖艺攒下了一小笔钱，他就想离开这个地方，找一家音乐学院进修。于是，他就和这个黑人琴手道别了。谭盾来到音乐学院之后，努力学习拉琴的专业知识，他的水平获得了很大的进步。他还利用学校这一平台，结识了许多琴技高超的同学和一些音乐界的知名人士。因为忙着学习，就没有时间再去街头拉小提琴赚钱了。没有了收入，他的生活过得比以前苦很多，不过他并没有后悔自己的选择。

10 年后，谭盾有一次路过那家商业银行，发现昔日老友——那位黑人琴手仍在那里拉琴赚钱。当黑人琴手看见谭盾突然出现时，很高兴地说："兄弟啊，你现在在哪里拉琴啊？"谭盾回答了一个很有名的音乐厅的名字，但黑人琴手反问道："那家音乐厅的门前是个好地盘，也很好赚钱吗？"他哪里知道，10 年后的谭盾，早已经不再拉琴卖艺了，而是成为了那家音乐厅的座上宾。

10 年的时间，两个人的境遇竟然发生了天壤之别。那位黑人琴手和谭盾都在努力地拉琴，只不过拉琴的目的却不一样。那位黑人琴手只想拼命地保住那块赚钱的地盘，护住自己的饭碗，而谭盾却不愿意一辈子只为吃饭而活着，最终他们的结局也就不一样了。

成功者之所以能够突出重围，果断地迈出第一步，是因为他们有大格局。他们明白对自己狠一点，不惧怕任何艰难险阻，勇往直前才能离成功越来越近。也就是说，只有经历过炼狱般的折磨，才有征服天堂的力量；只有流过血的手指，才能弹出世间最美的绝唱；人生宁愿经历无数次的失败，也不要规规矩矩地过一辈子。就算跌倒了，也要爬起来拍拍身上的尘土，豪迈地笑一笑！

提到林志颖，大家都比较熟悉，他是 1974 年出生的，被网友称为"不老男神"。15 岁时，他因一曲《十七岁的雨季》红遍亚洲。出道 22 年来，唱歌、拍戏、玩赛车、摄影、高科技，追求极速，跑步前行。经历事业的起跌浮沉后，35 岁的他暂停事业，开始专心做奶爸，2014 年又以崭新面貌重回公众视野。

在外人眼中，林志颖的人生是光鲜的。其实，在光鲜背后，他付出了艰辛的努力。年少时的聪慧早熟，军营中的百炼成钢，赛车场上的极限挑战，一切的一切，造就了他坚忍、耐心、沉着的高情商。让他能微笑面对挫折，以不屈之心度过低谷。

不得不说，所有的梦想，所有的美好，都是靠汗水赢得的。曾经历波澜壮阔才能克制冷静，在岁月的大浪淘沙中，忘记伤害，奋勇前行。

在生活中，我们不能有贪婪的思想，但是不贪婪并不是指没有目标和追求。在这个时代里，我们可以抵制诱惑，但是不能失去正常的人生追求。如果把自己仅仅定位在为口粮而奔波的位置上，我们的人生将会变得毫无意义可言。

第二章

自知：与心对话，搞明白自己是谁

如果你不能正确地认识自己，生命对你来说是一种惩罚。今日的迷茫，会造成明日的迷失。我们需要时时回看自我的足迹，重新认识自己。走近最真实的自我，调整好未来的走向，才能成为一个大格局的人。

人生如戏，你到底是谁

人生如戏。在人生这出戏里，为自己写好脚本的人与庸庸碌碌过日子的人，有着天壤之别。有人相信命中注定，遭到沉重的打击便对自己产生怀疑，只好随波逐流。其实，在生命的每个转角，都有机会在等着我们。如果我们努力，就能抓住机会；反之，本来唾手可得的成功，也会成为过眼云烟。若想真正把握机会，就需要我们认清自己，搞明白自己到底是谁。

只有认识自己的短板和欲望，接纳这样的自己，才能在一个世界里开辟另一个天地，进入一个更大的格局。

传说，古希腊的奥林匹斯山是西方众神居住的地方，那里有西方的主神宙斯，以及由他统率的其他神。凡人是难以到达神的地界的，但是神的箴言“人，认识你自己，又应该让凡人知晓。”于是，一个奇特的生物（人面狮身）——斯芬克斯作为神的使者，带着神的箴言从奥林匹斯山来到了人间，她把那句箴言化作一段“谜语”盘问遇到的所有人。这个谜语是：“什么东西早晨用四条腿走路，中午用两条腿走路，晚上用三条腿走路？”凡是猜不中的，都会为此丢掉性命，被斯芬克斯毫不留情地吃掉。

后来，有一个叫俄狄浦斯的青年来到斯芬克斯面前，解答了这个谜语——那就是人本身！斯芬克斯完成了自己的使命，她通过这样一个谜语，来告诫人类要对自己进行认识。作为人，你必须认识你自己，搞明白你到底是谁。

如果你不能正确地认识自己，生命对你来说是一种惩罚。今日的迷茫，会造成明日的迷失。我们需要时时回看自我的足迹，重新认识自己，走近最真实的自我，调整未来的走向。世界上最重要的事情就是认识自我。人生的道路紧要处常常只有几步，特别是当人年轻的时候。

但在生活中，有许多人不了解自己，进而无法享受积极而快乐的人生。“不识庐山真面目，只缘身在此山中。”说到底，世界上最难了解的人不是别人，恰恰就是我们自己。

在聊天室，有个网名叫“朵教主”的女孩，她活泼开朗，是一个常常和众多网友“论战”的女侠；在家，姥姥叫她朵朵，她乖巧、听话，是弟弟的好姐姐，爸妈的乖女儿；在学校，同学叫她小朵，有时候叫她班长大人。读初二的她身高已经有 163cm 了，有好几次在逛商场时，售货员叫她小姐，弄得她面红耳赤……她学习成绩很好，很多女同学都说她聪明。可是她与弟弟在玩围棋时屡次输给他。弟弟老是指着她的鼻子说：“姐姐真笨！”爸爸有时也在一旁看着直摇头，搞不懂她到底是聪明还是笨拙。

在学校，在网上，她很喜欢说话。可是在家，她似乎很沉默，常常是听众，他们都说她内向。她经常陷入沉思，想自己究竟是一个怎样的女孩。

同一个人在虚拟网络和现实中往往有截然相反的表现，小朵也是如此。她发现自己身上存在很多对矛盾，有时她搞不清，哪个才是真正的自己。所以，她开始疑惑、抑郁。说到底，是她还没有真正认识自己。

富兰克林曾经说过：“宝贝放错了地方便是废物。人生的诀窍就是找准人生定位，定位准确能使你更好地发挥特长。经营自己的长处能使你的人生增值，而经营自己的短处会使你的人生贬值。”一个有人生大格局的人，会坐在适合自己的位置上，在人生的舞台得心应手、游刃有余。

你认为自己是怎样的人，就会做怎样的表现，这两者是一致的。你觉得自己是个有价值的人，结果你就会变成有价值的人，做有价值的事，而且拥有一些有价值的事物。你觉得自己一文不值，你就不会得到有价值的事物。

人的高明往往不在于天赋，而在于懂得自我省察；人的成功往往不在于技巧，而在于及时的自我把握。当你知道迷惑时，并不可悲；当你不知道迷惑时，才是最可悲的。我们要正确地认识自己，然后继续轻松地上路。

认识自己，千万不要“跟着感觉走”

人生的格局就在于你怎么看自己。只有更深层地了解自己，才能改变固有的思维方式，调整处事的格局。我们在大街上常常可以看到，人们总喜欢往争抢购物的人群中挤，挤得满头大汗终于买到大家抢购的东西。但等回家后，又开始后悔自己为什么头脑一热就买了一件无用的东西。如果你问他当时为什么买？他会说是受那种热烈气氛的感染，看到人家都抢着买心里就痒，便加入到了他们的抢购行列。

这是人们一种典型的从众心理：人们在认识自己的过程中，容易受到来自外界信息的暗示，从而出现自我知觉的偏差。我们既不可能每时每刻去反省自己，也不可能总把自己放在局外人的地位来观察自己。所以我们总是会借助外界信息来认识自己，从而常常不能正确地知觉自己。

古希腊有句谚语“人啊，认识你自己”，而中国有句俗语“人贵有自知之明”。这两句话都说明在人的一生发展中认识自己是非常重要的。

希腊古城特尔斐的阿波罗神殿上刻有七句名言，其中流传最广、影响最深，以至被认为点燃了希腊文明火花的却只有一句，那就是：“人啊，认识你自己”。古希腊著名哲学家苏格拉底把“认识你自己”作为自己哲学研究的核心命题。法国大思想家蒙田也说：“世界上最重要的事情就是认识自我。”不管是谁，都需要认识自己。

在生活中，越来越多的人缺乏自我判断和独立思考，很多时候，我们总是跟着内心的感觉走。有时候跟着感觉走是一种无奈，我们要学会认识自己。

1. 做自己生活的观察者

我们要观察现在的自己，反省过去的种种经历，甚至回味童年时期的梦想和愿望，就会发现这样能把自己看得更清楚。如果我们不跳出自己的框架，就容易迷失在自己的“认识丛林”中，只有将自己拉到更远的地方，脱离此时此地的自己，我们才更容易将自己看清楚。

2. 学会逆向思维，做出自我判断

遇到问题时，多问几个为什么？试想：商家高喊的“跳楼价”“放血价”可能存在吗？他不赚钱他能干吗？凡是天上掉馅饼的事必定有诈。所以，我们不仅要对自己逆向思维，对别人也要逆向思维。

3. 冷静地用心观察

当年孔夫子周游列国，有一次好几天都没有饭吃，好不容易弄到一点米让颜回煮饭充饥。巧的是一块尘土掉到锅里，颜回把那些被污染的饭捞出来，觉得扔掉有些可惜，便自己吃了。这一举动正好被坐在远处的孔子看见了，心中很不高兴。当颜回把饭端到孔子面前时，孔子想再考验一下他是否诚实。于是就说：“这饭我不能先吃，应当先拿来敬献神灵！”颜回说：“老师，不行啊！饭已经脏了！”于是，他把刚才发生的事说了一遍。孔子暗想：连我亲眼看到的事情都有差错，我差点儿误会了颜回啊！圣人都犯错误，何况我们凡夫俗子。所以，我们必须学会冷静地用心去观察世界，对事物真伪、好坏做出自己的判断。

4. 运用一些心理测评工具来认识自己

一个好的心理测评，应该是以科学的心理学理论为依据，通过标准化的手段来了解个体性格，然后做一些预测。心理学有不少流派，每个流派的理论基础不同，不同的测评工具由于采用的理论依据不同也会有一定的差异。如：MBTI 测试，卡特尔 16 种人格因素测验，霍兰德职业兴趣测评等。

心理健康的人在没弄懂自己之前，都不能跟着感觉走。有心理疾病或者心理问题的人，更不能跟着自己的感觉走，否则就会越来越困惑。所以，最好的办法是找心理老师，千万不能随意地跟着感觉走，要明辨是非，弄懂自己！

你活在他人的期许中

在现实生活中，每个人都不是单独存在的，都和周围存在着千丝万缕的联系，承担着各种社会角色和家庭角色。你不得不承认其实我们的心没有一刻完全为自己跳动。换句比较哲学的话说就是：你不是你。

不可否认，从一出生开始，我们就活在父母和别人的期许之中。不管是读书升学还是结婚生子，他们的期许总能让我们活得有动力也有压力。

李燕是个勤奋上进，成绩十分优秀的学生。她找心理医生，是因为她整日忧心忡忡，恐惧不安，仿佛一直徘徊在悬崖边，夜里常噩梦连连。

父母一直对李燕寄予厚望，希望她能够考进重点大学。没想到，第一次模拟考试，她却被甩出前 10 名。老师说："李燕，是不是最近不用功？"爸爸说："李燕，不能掉以轻心，你要选择的专业竞争很厉害！"

李燕觉得这回可能要使父母和老师失望了。即使能考入大学，但若达不到预期的目标，父母也会十分痛苦。她怎么能在这至关重要的时刻给父母当头一击呢？她绝不能让父母失望。

其实，不仅仅是李燕，我们每个人都生活在父母和社会的期许里，期待和关注使我们感到被需要、被爱，使我们找到生存的一部分意义。最初的和最强烈的期许都来自于父母。在我们行为的背后，会感到有一种无形力量的驱使。我们的痛苦和快乐，烦恼和舒畅，焦虑和平静常来源于与这种力量的和谐与冲突。

虽然期许和关注满足了我们被爱护、被关心的需要，但这并不意味着使他人期望得以充分实现是我们生存的全部意义。否则，我们将失去生存的真正意义。毕竟，别人对我们的期望无止境，我们又不能满足所有人的意愿。尽管我们都渴望成为十分可爱的人，但却无法十全十美。所以，我们在期许和关注下成长生存，要有自己的生活准则，要发现自己的生命意义。

我们每个人的身份绝不是单一的，是某个国家的公民，是社会的一份子，是家庭的重要一员，是单位的一个员工……所以，每个人都有不可推卸的责任。责任，让人不能随心所欲，有时候，还必须恰当地改变自己。所以，从很大意义上说，每个人都是为责任而活，并不是纯粹为自己而活。

我们要在别人的期许中勇敢地活着，别在自己的愧疚和自卑中经受岁月的洗礼。其实，只要做我们自己就好了：有自己的梦想和追求，用尽百分之百的努力，赌上青春的尊严。时光会给我们最好的，我们要相信有这样美好的未来。

你就是你，做自己就好

当代传统文化的倡导者和传播者翟鸿燊教授说过，“学历很高，但是思考层次、思考格局很低很窄，这样的人可能因为优秀，他难以卓越。好多人就是因为优秀，难以卓越。”所以，我们的思维一定不能故步自封。如果限制了自己的思维，自然逃脱不了平庸的生活。

不过，要做一个为人处世都有格局的人，并不是说一味地想得长远，想得广阔，突破世事之常。这种突破的局限应是志存高远，而不是好高骛远。大多数平凡人都希望自己这辈子能成为不平凡的人，可很多人都无法避免掉入好高骛远的陷阱。其实，你就是你，做自己就好。

在生活中，每一个人都有一方天地，也是一个小的世界。在这个小世界里，你可以随心所欲，可以自由自在地做自己。不用担心别人异样的眼光，不用害怕爸妈失望的眼神。不管自己想做什么，都不用再向任何人报备，也不用和其他人攀比，只要做好自己就好了。可是当我们走出了自己的空间，又能有多少人会做特立独行的自己呢？

我们总是在意的太多，害怕自己哪点做得不够好，害怕自己不优秀，害怕自己不能让别人喜欢，其实说到底我们是害怕失去。在物欲横流的年代，我们得到的真的不多。所以只能紧紧地抓住那些虚无缥缈的东西。

做自己就好，虽然我们总是这么说，却总是身不由己，活在别人的目光下。小到穿衣戴帽遭人嘲笑，大到从事行业遭人鄙夷，以至于大多数人在开始执行每件事情之前，都会思考“我这么做到底好不好”“我这么做别人会怎样看待”“我这么做……”其实，你就是你，你做不了其他人！

很早以前，有一头驴子和一头野牛成了好朋友。有一天，它们发现一座园子里到处是绿油油的青草，地上铺满了树上掉下来的果子。等到天黑，它们便钻进园子里，美美地吃着青草，嚼着果子，园丁却一点没有发觉。

驴子吃饱后，便高兴得想放声嘶叫了。野牛连忙劝阻道：“我的兄弟，请你忍耐一点，千万别叫唤！我们是来偷窃的，倘若你一叫唤，园丁就会发觉，马上会用棍棒将我们赶走的。”

“你这个傻瓜，”驴子回答说，“天下再也没有什么能比音乐和歌曲更优雅，更能感动人了。请你现在听着我唱，好好欣赏吧！”

“驴子，你疯了！倘若你非要那么干，我们就完了。”

尽管野牛再三劝告，驴子还是提高嗓门，大声嘶叫起来。园丁们一听到嘶叫，马上喊起来：“一头驴子闯进园子里来了！”他们急忙赶来，除驴子以外，还发现有一头野牛。结果野牛被宰了，变成了餐桌上的美味。而驴子被关进厩里，被套上鞍具，从早到晚干着沉重的苦活，一直到死。

这则寓言告诉了我们本性难移的道理：驴子只能是驴子，它不可能像牛那样谨慎。可以说，我们每个人都是一只不同于别人的、倔强的、坚持自我的、本性难移的驴子。在短时间内，在表面上或许可以佯装一阵子，可是终归无法彻底改变自己。

人是世界上个体差异最大的、表现最为复杂的动物。仔细想想，我们每个人都有自己独特的个性。我们做不了他人，无法像他人那样思考，无法像他人那样活着。既然我不是我，那我是不是可以随意变身，成为理想中的他或者她呢？答案是否定的。在内心深处，你无法逃脱自我的命运，改变本性。你就是你，你做不了其他人！

不管选择了什么样的路，都不会一帆风顺的，没有不经历风雨就能见彩虹的人。不管经受多么沉重的打击，都不是我们不能重新振作的理由。可以流泪，可以哭泣，但是之后，你仍旧要上路，继续前行。

所以，不管你选择了什么，坚持了什么，都不要在意太多，只管坚持自己，做自己就好。也许我们不完美，会有太多的缺憾，但是所有的一切都不妨碍我们去遇见一个更好的自己。只做自己就好，只要你愿意，就会遇到那个闪亮的、有格局的自己！

找准自我，选对舞台才能演出精彩

如果说格局是一座巍峨高山，那么目标就是方向，就是登峰的阶梯，而梦想就是我们奋斗的助推力。当我们有了准确的人生定位，我们就可以在实现目标和梦想的过程中不断鞭策自己前进。全面规划自己的人生，珍惜时间，集中力量，再以行动做翅膀，我们就可以在山顶自由翱翔。

有句话说，穷人的思维是“我能做什么”，富人的思维是“我想达到什么样的目标”。“能做”是现在的能力，如果你永远只做能力范围之内的事，你永远无法突破自己；而“我想”首先突破自己的思维局限，目标高了，做事的格局就不同，成功的可能性也不同。只有找准自我，定位好人生，你的格局才能进一步得到提升。

雄鹰只有在天空中才能自由翱翔，小鱼只有在江河中才能自在游动，狮子只有在森林中才能尽情奔驰。天空、江河、森林就是他们的位置。所以，人只有找准自己的位置，才能充分实现自己的人生价值。

安东尼·罗宾曾说过：“有什么样的目标就有什么样的人生。”每一个成功者，都应该有自己的人生目标，并应该根据主客观环境的变化设计出具体的人生规划书。年轻人作为最富有激情和潜在成功素质的知识群体，更应该有合理明确的人生规划。

每个希望成功的人，对自己人生的终极目标和阶段目标都有清晰明确的认识和计划，并围绕目标制订出一系列具体的可供操作的实施方案。

西方有句谚语：“如果你不知道你要到哪儿去，那通常你哪儿也去不了。”因此，年轻人为自己确定人生规划，其中最重要的就是选择人生的方向，确立人生的目标。一旦目标确立，并付诸实践，成功的可能性就会增大。

钱钟书先生在《围城》中说过："城外的人拼命想挤进来，城内的人又拼命想逃出去。"这便如这则故事中的老虎：笼子里的老虎羡慕外边老虎的自由，外边的老虎羡慕笼子里的老虎丰衣足食。即便是这样，它们也没有过上梦想中的生活：笼子里的老虎逃出去后饥饿而死，外边的老虎进来后抑郁而终。它们的悲剧收场告诉我们不要一味地去羡慕别人的美好。找准自己的位置，才能拥有永恒的美好。

世界最大的广告公司的创始人大卫·奥格威曾做过推销员、当过农夫、当过外交官，移居美国后不断往来于欧洲美洲大陆。这时的奥格威雄心勃勃，他有两个心愿：一是拥有一部劳斯莱斯汽车，二是获得爵士爵位。

每当黄昏时分，他便来到英国国会下议院，坐在观众席里听别人辩论，希望有朝一日那里也会成为自己的讲坛。但是有一天他突然发现，自己对这一切失去了兴趣。他对自己说："这并不适合我。"然后就站起来，以一种轻松而坦然的心情走出了下议院。

解脱后，紧接而来的是内心的焦虑。38 岁了，还能使生命辉煌吗？不久，他创办了一家广告公司，后来他被称为"现代广告教皇"。找准了人生定位的大卫·奥格威演绎了自己的完美人生。

的确，找准自己的位置需要有自知之明，知道自己适合做什么。这样就不会因为头脑发热选择一个不适合自己的位置。也要清楚自己在怎样的位置，在这样的位置上该干什么，这样才不会本末倒置，造成自己人生上的失败。

唐太宗听从魏征的谏言励精图治开创贞观之治；宋太祖听从赵普的意见杯酒释兵权维护宋朝长治久安；康熙听从他祖母孝庄太皇太后的意见智擒鳌拜开创康乾盛世，这些人都找准了自己的位置，从而实现了自己的人生价值，成就了一番伟业。

当然，找准人生的定位是需要付出的。陶渊明"不为五斗米摧眉事权贵”，找准了田园诗人的定位，获得了“悠然见南山”的闲适。为此他付出的是功名、利禄，但同时赢得了后人的尊重。文天祥不为元人的威逼利诱动摇，找准了“南宋人”的定位，为了保持坚贞的气节付出了自己的生命。

每个人都是英雄，只要你找准了人生中属于自己的位置，就会像蛟龙一般掠过浅滩小河，到浩瀚的海洋上击水三千。所以，我们都要积极寻求和争取属于自己的位置，而不仅仅靠等待。努力寻求自己的最佳位置，进攻才是最好的防守。寒冷的冬天就要过去，明媚的春天就要来临。找准自己的人生位置，才能绽放属于自己的光彩。

千锤百炼，才能做回自己

为了生存，为了生活得更好，我们放弃了很多东西：为了保障家庭的经济稳定，我们放弃了尊严；为了一份收入稳定的工作，我们放弃了专业和爱好。金钱、欲望、寂寞、享乐，充斥着我们的生活，让我们不断地用谎言来装饰，把原本的自己弄丢了，让自己迷失在黑暗中。生活在这忙碌世界之中的我们，渐渐地便看不到原本的自己了。

我们倾注一生追求所谓的快乐，但是我们从没意识到，快乐的目的与我们自己的目的，可能会相违背。也不会想到，我们今天之所以碌碌无为，是因为在追求快乐和自我成长之间，我们放弃了自我成长而选择了追求快乐。那些理所当然的想法，使我们错过了很多发现自己、认识自己以及让自己成长的机会。

曾经有人这样说：他变了，不是以前的他了，以前不是这样子。刚开始的时候，以为他在装，"真的很假！"慢慢的人们便接受了他现在给人的这个印象。但是，不管我们有多少角色，都想做回真正的自己。但角色错乱，做回自己谈何容易。

曾看到这样一个案例：快到 30 岁生日的某天，雪梅忽然觉得胸闷，感觉紧张和焦虑。她想把中学老师的工作辞去，去学自己一直向往的服装设计，但她不敢把这个想法与丈夫商量。丈夫是一个很正统的人，一定会说她荒唐。雪梅把自己的念头压着，越来越觉得现在的生活和工作不是自己想要的，常常感到胸口堵着，甚至喘不上气来。

做自己还是做别人希望我们成为的人，这是个问题。内心开始冲突的雪梅感到万分焦虑。存在主义认为我们每个人都想弄清“我是谁?”，但是很多人却没有勇气去做。雪梅就是这样的一个人，她想重新做回自己，但又害怕失去丈夫的爱，这导致她出现了心理问题。

我们每个人都要平衡自己的生活。在寻找平衡的过程中，每个人都希望真正地做回自己，因为只有按自己所期望的方式去生活，做自己真正想做的事情，内心的焦虑和冲突才会消失。但真正能做回自己的没有几个人，大多数人为了生存都在扮演着别人的角色。

或许当有一天我们真的站在生死抉择的关卡上，那时我们才会明白，可怜的没有价值的扮演，不知阻挡了我们多少前进的方向。即便我们赚得了全世界，却失去了自我，这又有什么意义呢？找回最初的自己，非常重要。请放下为了生存的借口，停下脚步，等一下那无助又彷徨的灵魂，告诉他：我以后不会再把你弄丢了。

一个支点无法撑起庞大的平面。一味索取无法平衡绚丽的人生，生活的道路宽广又曲折。在人生的道路中，我们都应当保留一份好心境给自己。做回自己，平静安详地走完人生的每一步。

我们要热爱改变，改变自己的视野和格局，不要只是盯着眼前的一些小事情，应该在大方向上去把握自己人生的可能性。人的一生是如此的短暂，想想看，到你的垂暮之际，你会后悔没有做什么事情吗？加油吧！抛开那些所谓的“别人的眼光”，活出自己的特色。

把握自我，超越自我

人非圣贤，孰能无过！只要学会把握自己，天下就没有什么不可能的事。你不必担心什么，更不必顾忌什么，事实上你所顾忌的只是你不敢迈出的那第一步。只要第一步迈出去了，你就会发现，一切原来如此简单！

一名刚刚毕业的优秀学生在一家公司试用期间，由于排名末位被公司解聘，最终跳楼自杀。这位年轻人在关键时刻没有把握自我，一个年轻的生命就这样画上了句号。这件事引起了社会各界的广泛关注，有舆论评价公司“末位淘汰制”太过残忍。实际上，现在很多企业在岗位管理上引入“末位淘汰制”，实行优胜劣汰以提高员工绩效。

身在职场的你能经受得住“末位淘汰制”的考验吗？能把握自我吗？

有一家企业准备裁员，弄得大家人心惶惶，但企划部里的小王似乎一点儿也不慌张。他没什么关系，也不会拍领导马屁，别人在要心眼，他却默默地干活。他为什么那么胸有成竹，好像裁员的事情压根儿就和他没关系。

我问他：“现在单位可能要裁人，你不害怕吗？”

他说：“我哪有害怕的时间啊，天天在忙。”结果，在被裁员工的名单中没有小王的名字，小王最终也没被淘汰掉。

其实，企业需要像小王这种从来不跟人计较，埋头苦干的员工。在懒人堆里，像小王这种人就有了竞争优势。有优势的人，自然不会被淘汰掉了。

我们要明白，当我们降生到这个世界的时候就已经拥有了自己的价值。接下来所要做的事，就是如何将自身的价值发扬光大。因而我们必须了解、认识到自己的价值，把握自我。

不要因为自己高于他人便目空一切，要知道“高处不胜寒”，你随时都有被打入“冷宫”的危险。不要因为自己低于他人而闷闷不乐，在充分认识自己的前提下，你终将改变目前的状况。闭起你的眼睛，让心完全平静下来。

在生活中，我们总会遇到各种令人烦恼的事情和大大小小的对手。于是，我们绞尽脑汁地应对烦恼，并且和这些对手较量。结果，这些对手有的成为了我们的朋友，有的成为我们的敌人。然而，我们却忽视了一个最大的敌人：自己。

要想在竞争中获胜，首先要肯定自己，因为在很多时候真正能救助自己的只有我们自己。如果我们想改变自己的世界，就必须先肯定自己。当然，肯定自己并不意味着自己的生活从此就一帆风顺。

一位哲人曾说过：“人的伟大之处，就在于他能在经历了最残酷的打击之后，还能笑对人生，笑对生活！”生命的历程交织着矛盾和痛苦，遍布着荆棘和坎坷。我们每克服一次艰难困苦就会在生命中增加一颗璀璨的明珠，我们的生命也会增色不少。

当我们身处困境、感到痛苦时，不妨在心中不断地默念：“这是心理垃圾，我必须清除。”“我生活在当下，过去的东西是不会影响我的。”等等。这样反复多次的默念就能克服不良情绪，让自己变得阳光起来。

所以，把握自我、超越自我，一定能使自己的人生更加完美。当面临巨大的苦难与挑战时，用我们的坚强心态去面对。当我们最终超越自己以后，就能体味到宠辱不惊的悠闲和轻松自在的惬意，自然也就有了所谓的大格局。

第三章

潜能：改变人生从改变自己开始

成功的路与成长、成熟的路有一个共同的特征：需要靠自己走出来，需要提升自己。一个有格局的人需要有开阔的眼界、胸襟与思维，而这一切都需要建立在对自身的认知、自我的管理之上，需要激发自己的潜能。要知道，一个内在没有底气的人是说不出大格局的话的。

扮演好自己的角色

活在世间，我们要有上台的准备也要有下台的智慧。从表面上看，在台上很辛苦，下台似乎很容易。其实恰恰相反，台上的人生有掌声，对生命有着无限的期待，总是志得意满。即便是遇到挫折，也会努力去化解它。但下台时却往往因为当事者无所期待，没有了所谓的追求反而觉得生命很沉重、很疲惫，人生也了无生趣。

上台需要靠机会，下台则要靠智慧。在人生的道路上，我们要勇往向前，偶尔也要停下脚步，看看自己现在的位置。不管上台、下台，都应该以平常心看待。在人生的舞台上，无论我们扮演什么角色都应该以主角的心情尽力演出。只要能如实扮演好自己的角色就能实现人生价值，格局自然会得到提升。

南唐后主李煜应该是一位词人，“自是人生常恨水长东”“落花流水春去也，天上人间”，字字珠玑，千古绝唱。可李煜却误当人主，终落得“垂泪对宫娥”成了亡国之君。王国维说：“后主为人君所短处，也即为词人所长处”。说明了李煜的悲剧就在于误扮了角色。

在社会大舞台上扮演一个迷人的角色是多数人的梦想。于是，许多不安于现状的人，出于对自己所从事职业的不理想或不满足，纷纷跳槽，寻觅自己所钟爱的或钦羡的职业。遗憾的是寻寻觅觅、忙忙碌碌之后，成功者不多，失败者却大有人在。

其实，没有真正的敌人，真正的敌人只有你自己。如果我们生活中遭遇了失败，那往往是被自己打败的。因此，只要我们管住了自己，在漫长的人生道路上我们就会走得更远、更顺一些。

那么，我们该如何管住自己呢？

1. 要保持一种乐观、平和、淡定的心态

人生不如意十有八九，生活中有烦恼和痛苦是常有的事。我们每一个人都要学会面对，要做到遇事处变不惊、从容应对，不怨天尤人。我们只要用辩证的方法和发展的眼光去看待周围的事物，就会发现一切都是美好的或正在朝着美好的方向发展。我们要不断地学习别人的优点来取长补短，同时又要不断地剖析自己，总结自己的长处和短处，然后扬长避短。这样才能不断地改变自己、提升自己。

2. 努力培养良好的习惯

良好的习惯一旦养成对自己是终身受益的。因为习惯养成性格，性格决定命运。但习惯也是可以改变的，而且往往是坏习惯很容易养成，好习惯却需要长期不懈的坚持培养才能养成。所以我们要努力改掉自己的坏习惯，培养自己的好习惯，这是获取人生幸福的关键。

3. 不断提高自己的修养

良好的修养最能体现一个人的品位与价值，一个有很高个人修养的人才最具有个性和人格魅力。人生最大的修养是爱、感恩和宽容。提高自己的修养，首先是要确立正确的道德认识，然后在道德、情操、理想、意志等各个方面能够保持良好的修炼心态，不断地使自己的心灵得到净化，永远保持一种积极向上的人生态度。

总之，社会是个有机体，人们有不同的分工和位置。每个人都要清醒定位自己，清楚自己的角色，做好自己的工作。

找到自己的才干与专长

把对的人，在对的时间，放到对的舞台，做对的事情，这样才能发挥人生的最大价值。每个人都有适合自己的人生。我们要善用自身的潜能，找到自己的才干与专长，才能将人生格局提升放大，让生命更有价值，人生更加快乐。

尼采说："每个人都有一技之长，而且是专属自己的长处。有些人很早就发现自己的专长，并活用专长成就事业；有些人则是一辈子都搞不清楚自己究竟有何本领；有些人靠自己的力量找到自己的专长；有些人则是边观察社会趋势，边摸索自己有何本领。总之，只要有坚强的意志，勇于挑战的话，总会找到自己的一技之长。"的确，能够发挥你特长的事业就是你最容易取得成功的事业。因此，当你选择了能够发挥你最大特长的事业时，实际上就意味着你已经迈出了成功的第一步。

一个身材矮小的学生总觉到自己的身体条件不如别人，感到自卑。有一天他参观了聋哑学校后，觉得比起那些残疾人，自己是多么的幸运，于是他不再为自己的身材而烦恼。从此他努力培养自己的特长，力图在成绩、能力上超过别人。当一个人心情忧郁时，往往感到自己命运不好，不如别人。其实谁都有痛苦的时候，你也有让人羡慕的地方，可能只不过是自己还没有发现而已。

找到自己的专长，其实就是剖析自己的过程。最了解你的人肯定是你自己，我们只不过有的时候被蒙蔽了双眼，不愿意去直面自己的一些缺点，这个时候我们就需要有点自嘲的精神。自古人无完人，我们何必要穿上皇帝的新衣，自欺欺人呢？

有一个人每天担着两个桶去河中挑水，有一个桶是有裂痕的。每回走到家，桶里的水只会剩下一半，因此他每天只能提回一桶半的水。日复一日，装满水的桶对于自己的成就感到很自豪，而有裂痕的桶对于自己的缺陷却越来越自卑。

两年后的一天，有裂痕的桶忍不住对主人说："主人，我感到很羞耻，对不起，因为我，你得不到辛苦付出后所应该得到的。"主人回答道："你没有注意到，回家的路上在你这一边有一排花吗？我一直知道你的不足，所以在这一边撒下了花种，每次我们回来，你都在为我浇花。如果没有独特的你，这两年来就不会有鲜花把我的家点缀得这么美了。"

其实，每个人都是有缺点的。我们不要把目光聚焦在自己的缺点上，应该把自己的特质发挥出来，化腐朽为传奇。

清初思想家王夫之说："鸢飞鱼跃，各使其能，以使其技。"意思是讲，鸟在天空中飞，鱼在水中游，只有得到了能让自己发挥作用的环境，才能物尽其能、人尽其才。人才就好比在天上飞的鸟、水中游的鱼，只有找到了自己的位置，才能发挥自己的专长。

世界头号投资大师巴菲特，小时候是一个内向而敏感的孩子，无论是读书还是在生活中，他的表现都很一般。许多人都嘲笑巴菲特行动、思维缓慢，但巴菲特却将这一弱点转化为自己最大的优点——耐心。同时，他还发现自己对数字有天生的敏感，并对其充满了兴趣。在27岁之前，巴菲特尝试过无数的工作：销售、法律顾问、管理一家小厂。但最终他结合自己的优点——耐心、对数字敏感，将自己的职业转向为一名投资家。在明确的职业规划引导下，巴菲特拒绝了许多外来的诱惑，也承受住了压力，坚定不移地按着自己的职业发展道路前进，最终做出了一番惊人的成就。

找自己特长的方法有很多，我们要了解自己，做好自我分析。

1. 找出自己最大的优点

看看你有哪些个人资产。别人喜欢与你相处吗？你总是对周遭环境保持好奇心吗？你总是乐意甚至迫不及待地想要帮助别人吗？针对自己的人格特质，列出至少 5 个优点。

2. 找出自己的天赋和才华

天生我材必有用，每个人来到这个世界上都有自己存在的价值，都有存在的意义，这是每个人都应该知道的道理。问一些问题，诸如你是否有强健的体魄？你是否能够承受艰苦的劳动工作？你有艺术天赋吗？你有音乐才华吗？你擅长文字的运用吗？你是性情中人吗？等等，整理自己的喜好和爱好，看看自己都对哪些方面有兴趣，再看看这些兴趣里面哪个自己做得最好，试着找出自己的天赋和才华。

也许，这样的工作做不好，但没准换一种工作就会很好。我们在任何时候都不能放弃自己，要相信自己的亮点早晚会发光的。爱上你的专长，哪怕痴狂，这样的人生才有意义。

人贵有自知之明

人的一生，不管是平民百姓，还是贵族富商；不管是目不识丁，还是学识渊博，都会遇到一个共同的问题：你能正确地看待自己、评价自己吗？你能正确地认识自我、对待自我吗？换句话说，大凡智商正常、身体健康的人，不论你是体力劳动者还是脑力劳动者，都存在自知之明的问题。

古人云：人贵有自知之明。鸵鸟身重翅小，不妄想飞向蓝天；海豚无脚不徒劳爬上陆地。茫茫人海，芸芸众生，自知者能施展自己的才华，成就一番事业；不自知者往往一念之间前功尽弃，贻人笑柄……

孔子问子贡："你和颜回哪一个强？"子贡答道："我怎么敢和颜回相比？他能够以一知十；我听到一件事，只能知道两件事。"

子贡的自知是明智，子贡的从容更是胸怀博大。他虽不及颜回闻一知十，但却以其独特的人格魅力传之千古。

马谡虽熟读兵书，深谙兵法，但他最大的悲剧就在于无知——对于自身的无知。没有了自知，便仅剩下了狂妄，甚至狂妄到连军师诸葛亮都不放在眼里。叹诸葛空爱马谡，却反被马谡的不自知误了统一大计；悲诸葛亮那惜才之泪，却洒给一个无知之人。

出师未捷身先死，长使英雄泪满襟。这泪是洒给诸葛亮的，而这遗憾却是马谡的无知所一手造成的！

如果要真正地了解自我，就必须换一个角度看自己。

首先，要察己，客观地审视自己。不但看正面，也要看反面；不但要看到自身的亮点，更要发现自身的瑕疵。包括对自己的学识能力、人格品质等进行自我评判，切忌孤芳自赏、妄自尊大。

其次，要不断完善自我，有则改之，无则加勉。须知道天外有天，人外有人；尺有所短，寸有所长。古人云："吾日三省吾身。"就是说，自知之明来源于自我修养和自我慎独。因为自省才能自制自律，自律才能自尊自重，自重才能自信自立。自尊为气节，自知为智慧，自制为修养。人具备了自知之明的胸臆和襟怀，其人格顶天立地，其行为不卑不亢，其品德上下称道，其事业左右逢源。

老子在《道德经》中曾言："知人者智，自知者明。"只有充分认清自己，方可选定方向，确立目标，实现理想。恰如在足球场上，教练根据球员各自专长，放置各处，排兵布阵。或守球门，或冲前锋，或打中场，或司后卫。唯有人尽其才，方能笑论胜负。

一个对自己都不了解的人，是无法对自己今后的人生与未来发展道路做出科学判断的。人们若能做到客观理性地分析自己，认真清醒地反省自己，充分利用自身长处，积极修正自身缺陷，那么必然能够在未来的人生道路上获得巨大收益。所以，我们只有真正地了解自己的长处和短处，避己所短、扬己所长，才能提升自己的格局，才能对自己的人生坐标进行准确的定位。

适合自己的才是最好的

同一件衣服，别人穿上很漂亮，而你穿上却不好看；同一种发型，展现在别人的脑袋上，高贵、妩媚，而移植到你的头上，却大相径庭；薰衣草在北方长势良好，但不宜到南方种植；荔枝在南方生长旺盛，移植到北方就会死掉。

在这个世界上，每个人都是独一无二的。你就是你，你无须按照别人的眼光和标准来评判甚至约束自己，你也无须效仿别人。保持自我的本色，只有按照适合自己的模式去生活，才会拥有快乐的人生。有大格局的人才会明白只有适合自己的，才是最好的！

日本松下电器公司一直奉行“只改进，不发明”的原则，专门针对公司买进的电器专利，以及竞争对手的产品进行改进。

松下先生认为，这种做法与发明相比有几个好处：一是节省时间，二是降低费用，三是保证效益。比如，他们曾经成功地改进了索尼公司的“贝塔马克斯”录像机。虽然索尼公司的录像机先行进入市场，但是，因为松下改进后的录像机容量大，体积小，性能可靠且价格低，最后还是松下赚了大钱。

可见，创造的关键有时候并不是从无到有。只有找到适合自己发展的道路，才能发展壮大。

卡耐基曾说：“一个人想要集中他人所有的优点于一身，是最愚蠢，最荒谬的行为。”的确，发现自我，秉持本色，这是一个人快乐的要诀。当我们的认知对了的时候，我们的世界才会都对。

有一个女孩叫玛丽，她从小比较害羞和内向。她的身材一直很胖，而她的一张脸使她看起来比实际还要胖得多。而古板的母亲认为把衣服弄得漂亮是一件很愚蠢的事情，衣服太合身容易被撑破，不如做得宽大一点。

在这样的家庭教育下成长的她，从不参加任何聚会，也不和其他的孩子一起做室外活动，甚至不上体育课。她觉得自己和其他人都不一样。

长大后，玛丽嫁给一个比她大好几岁的男人，但她并没有改变。她丈夫一家人都很好，为了使玛丽变得开朗，做了很多件事情，但效果都不明显。玛丽变得紧张不安，躲开了所有的朋友。她觉得再活下去也没有什么意义了，玛丽开始想自杀。

有一天，婆婆告诉她怎么教养几个孩子。婆婆说："不管事情怎么样，我总会要求他们保持本色。"

"保持本色！"就是这句话让玛丽恍然大悟，她发现自己之所以那么苦恼，就是因为她一直在试着让自己适应一个并不适合自己的模式。

从此，她开始试着保持自我：她试着研究自己的个性，自己的优点，尽量以适合自己的方式去穿衣服。还主动地去交朋友，参加社团组织。就这样，玛丽越来越幸福了。

好的并不是最亮丽夺目的，而是最适合自己生存发展的。鹰击长空，鱼翔浅底，虎啸深山，驼走大漠，因为选择了适合自己的位置才造就了生命的极致。既然不能像太阳那样照耀大地，那么，就像星星一样闪烁发亮吧；既然不能像参天大树那样傲然挺立，那就像小草那样给大地增添一抹绿色吧；既然不能像海洋那样海纳百川，那就像水滴那样滋润万物吧。

人生中，有时候适合别人的，不一定适合自己；适合自己的，也不一定就适合别人。所以，只要能找准自己的位置，适合自己的发展，那就是最好的人生。就像有人选择官场，那是因为他善于交际；有人选择平凡，因为他崇尚淡泊；有人选择经商，因为他善于权衡利益的关系。这些都是各取所需，各尽所能，也无疑都是适合的选择。

鞋，不一定漂亮、奢华，只要自己穿着合脚，那就是最好的。又如婚姻、爱情，在别人眼里，可能并不值得羡慕。但如果自己感觉幸福，那就是幸福；自己感觉快乐，那就是快乐。

不要总是说“我的能力有限”

科学家曾经做过一个有趣的实验：他们把跳蚤放在桌上，一拍桌子跳蚤立即跳起，高度都在其身高的100倍以上。然后在跳蚤头上罩一个玻璃罩，再让它跳，这一次跳蚤碰到了玻璃罩。连续多次后，跳蚤改变了起跳高度以适应环境，每次跳跃总保持在罩顶以下高度。接下来逐渐改变玻璃罩的高度，跳蚤都在碰壁后被动改变自己的高度。最后，当玻璃罩接近桌面时，跳蚤已无法再跳了。科学家把玻璃罩打开，再拍桌子，跳蚤仍然不会跳，变成“爬蚤”了。

跳蚤变成“爬蚤”，并非它丧失了跳跃的能力，而是由于一次次受挫学乖了，习惯了。实际上玻璃罩已经不存在时，它却连“再试一次”的勇气都没有。玻璃罩已经罩在了潜意识里，潜能被自己扼杀了。科学家把这种现象叫做“自我设限”。

在我们每个人的生命中，都会面临许多害怕做不到的时刻。因而划地自限，使无限的潜能只化为有限的成就。如果你认为现在的一切都是命中注定的，现实的一切不可超越，不管你持有此观点的时间有多长，都是错的。

你可以通过改变自己的态度和习惯来改进自己的生活。改变自我的关键在于要有突破的勇气，拒绝惯性思维给自己带来的自我设限。不要给自己的内心套上层层繁重的枷锁，使自己故步自封，从而阻碍了前进的道路。

有一个正在巡回表演的马戏团，成千上万的观众被它吸引，其中一只大象的演出让人拍案叫绝。有一个少年特意跑到马戏团的后台，到处找大象栖身的地方。他发现那头大象被一条普通的绳子缚在一根木头旁，便好奇地问驯兽师："先生，为什么只用一条绳子便能制伏这么大的象呢？"

驯兽师笑着说："当它还小的时候，我们用大铁链把它锁着，每当它想逃走时，只要用力一拉铁链便痛得它动弹不得。久而久之，每次当它想到用力拉就有痛的感觉时便放弃了，不再相信自己可以逃走。所以，现在我们只需要用一条绳子缚着它，就够了。"

在生活中，有许多人也像大象一样，年轻时意气风发，屡屡去尝试着实现自己心中的梦想。在经历过多次的打击失败之后，他们便消极起来自我设限，不敢再尝试，或者已习惯了失败。结果往往因为害怕而放弃追求成功，甘愿忍受失败者的生活。

无论什么时候你要逃避某些事或掩饰人格上的缺陷，总可以用"我一直这样"来为自己辩解。事实上，这些定义用了多次以后，经由心智进入潜意识，你也开始相信自己就是这样。到那时候，以后的日子好像注定就是这样了。这样长久下去，只会导致你更不相信自己所拥有的潜能和优势，从而平淡一生，毫无建树。

为了不使自己的一生碌碌无为，就要敢于用优势出击，相信自己的潜能和优势。其实，每一个人都有改变自身命运的机会，关键是你肯不肯为这个机会付出。如果你视而不见，那么不要抱怨生活对你不公。

奥古斯·狄尼斯曾说过："在任何情况下，遭受的痛苦越深，随之而来的喜悦也就越大。"只有经过痛苦的洗礼，才能让我们更深刻地体会到快乐的滋味，就如同苦尽甘来，甜蜜的味道才能真正流淌到人的心里。

一个具有成功潜质的人，在他受到打击和折磨的时候，依然能够保持一份气定神闲的姿态。不气馁不放弃，在困境中看到希望的光芒，在挫败中寻找新的机会，正如浴火重生的凤凰一样，无法被打败。他的身上会出现一个又一个的奇迹，能够创造出令人惊叹的成绩。

人人都有梦想，都期待自己的人生是一个走向美好的过程。但总是苦于现实的条件而觉得踟蹰茫然，不知道该从何入手，或者被自身条件的不足或者突如其来的不幸给困在狭隘的世界里，而无法走向成功。

格局决定结局，态度决定高度。人生充满了各种可能性，抛弃自我设限的负面信念，勇敢迈出追求梦想的步伐，那些无限的可能就会变成现实。

最可靠的人，是你自己

有一位长跑运动员参加一个 5 人小组的比赛。赛前教练对他说，其他 4 人的实力并不如你，结果这名运动员轻松地跑了第一名。后来教练又让他参加了一个 10 人小组的比赛，教练把平时其他人的成绩拿给他看，他发现别人的成绩并不如自己，结果又轻松跑了第一名。再后来，这个运动员又参加了 20 个人的小组比赛。教练说，你只要战胜其中的一个人，你就能取得胜利。结果，比赛中他紧跟着教练说的那个运动员，并在最后冲刺时超过了那个运动员，又取得了第一名。

后来，换了一个地方。赛前，关于其他运动员的情况教练并没有和他沟通过，在 5 人小组的比赛中，他勉强拿了第一名。后来 10 人小组的比赛中，他滑到了第二名。20 人的比赛中，他仅仅拿了第五名。而实际的情况是，这次各个组的其他参赛运动员同第一次的水平完全相同。

生活中的我们往往就是这样，欠缺对对手能力的估量，而往往给自己安排一个较低的位置。其实，成功始于心动，成于行动，要解除“自我设限”，最可靠的人是你自己。你能否成功，与别人的成败毫无关系。只有自己想成功，才有成功的可能。

宋朝著名的禅师大慧门下有一个弟子道谦参禅多年，仍无法开悟。

一天晚上，道谦诚恳地向师兄宗元诉说自己不能悟道的苦恼，并求宗元帮忙。宗元说：“我能帮忙的一定帮，不过有 3 件事你必须自己去做！”道谦忙问是哪 3 件。宗元说：“当你肚饿口渴时，我不能帮你吃喝，你必须自己饮食；当你想大小便时，你必须亲自解决；最后，除了你自己之外，谁也不能驮着你的身子在路上走。”

道谦听罢，豁然开朗，他感受到了自我的力量。的确，成功首先始于自愿自觉。当一个人失去生活的目的和意义，是无可救药的。自己的事自己做，始于心动，成于行动。很多时候，求人真的不如求己，别人能做到的，也许你也能做到。

国画大师齐白石年轻时，他的家乡来了一位号称篆刻名家的文人，求他刻印的人很多。作画是需要用印的，可齐白石是木匠出身，不会篆刻。于是，他拿了一方寿山石去求那人刻枚印章。那人看也没看，就随手放在了一边，说让他过几天去取。

过了几天齐白石去取。那人退还石章说：“磨磨平，再拿来刻！”齐白石只好耐心打磨了很久再送去。谁知那人又是连看也不看，仍随手搁在一边。又过了几天去问，仍让齐白石拿回去再磨。齐白石气愤之下收回寿石，决心自己学习刻印，以后再不因此受制于人。齐白石说干就干，没有刻刀，他就找到一把修脚刀动起手来，并连夜刻成一方印章。

第二天，齐白石把自己用修脚刀刻的这方印拿给别人看，没想到居然赢来一片夸奖声。从此他慢慢地学习篆刻，靠着这种不甘平庸的精神，他最终成为集诗、书、画、印于一身的艺术大师。

拿破仑曾说：“人多不足以依赖，要生存，只有靠自己。”的确，靠山山会倒，靠人人会跑，只有自己最可靠。求人不如求己，因为这世上根本就没有什么救世主，一切都要靠自己。把别人的阻力变成助力，把别人的帮助化成动力，自己的前途自己去把握，才能走向辉煌。

唤醒沉睡的优势与潜能

在生活中，你有时候尽自己最大的努力辛辛苦苦地工作，但情况没有什么改观。而身边一些人，尤其是昔日的同学、朋友或邻里似乎不费吹灰之力，一个接一个地幸运当头、得其所愿。原因何在？有些人往往把原因归结为自己能力有限，认为自己本就是不如别人。看到有些看似不如自己的人都活得比自己好，就把原因归结为命运。其实，他人的成功并不是他天生就比你能力强，人生的暗淡更不是自己命该如此。

人人渴望成功，但上苍并没有给我们一本成功指南，然而我们有能力战胜各方面的挑战。其实，最好的成功指南就在我们每个人自己身上，只不过我们没有意识到那就是潜能。要知道，强者之所以强，是因为他拿出了自己好的一面面对生活，因而他才超越了所有人，激发了自己的潜能，活得比其他人好。我们每个人的潜能都是无穷无尽的，然而能发挥多少，就全看我们对自我是怎么看待了。如果你认定自己是一个有能力、有才华的人，那么你就会发挥出你所认定的一切天赋。

有一只小鹰从小跟着鸡群一起长大，它也一直以为自己是一只小鸡。有一天，主人决定要训练这只鹰学飞行。但是，无论怎么诱惑小鹰就是飞不起来，因为它认定自己是一只不会飞的小鸡。

最后主人失望了，说："我白养了一只雏鹰，一点用处都没有，我把它扔了吧。"主人把这只小鹰带到了悬崖边，一撒手将小鹰扔下悬崖。

小鹰垂直地从悬崖上掉下去，就在急速坠落的过程中，这只小鹰扑棱扑棱翅膀，在坠地之前竟然飞起来了。

因为鹰的天性被激活了，恢复了，它知道自己的翅膀是有用的。所以在生命垂于一线的时候，发挥了自己的潜能，重获了生的希望并找回了属于自己的一片天空。

但在人世间挣扎着生存的我们却很难有这种机会，很多人的潜能都没有等到被开发的机遇，就白白地浪费掉了。

美国著名心理学家陆哥·赫胥勒说得好："编撰20世纪历史时可以这样写：我们最大的悲剧不是令人恐怖的地震，不是连年战争，甚至不是原子弹投向日本广岛，而是千千万万的人生活着然后死去，却从未意识到存在于自身的人类从未开发的巨大潜能。"

人类用极大的精力和代价研究外部世界，可是却没有很好地关注自身的潜能。人的潜能开发最为根本、最为重要。而且人的潜能极其巨大，哪怕是作出杰出成就的人"利用他自己大脑的潜能还不到百亿分之一"。

每个人都有一座"潜能金矿"等待被发掘，就像千里马等待伯乐一样。但"千里马常有，而伯乐不常有"的事实也告诉我们：人必须积极主动地发掘自己的潜能。认命地等待别人的选择是不行的，也太过消极被动。我们是自己人生的主人，理应掌控自己的命运。人的潜能无比巨大，开发也十分容易。只要方法得当，可以立即见效。

有一家炼钢厂分厂的工人总是完不成定额。该厂经理无论用好言好语鼓励工人，还是想方设法劝告他们，甚至骂他们，用开除威胁他们都没有效。

总厂厂长斯切魏伯来了，他在白天班快要放工时问工人："你们今天白班炼了几炉？"

工人说："5炉。"

他二话没说，拿起粉笔在地板上写了一个"5"就离开了。

夜班工人来了，看见地板上有了"5"字，就问白班的工人是什么意思。

白班的工人说："今天斯切魏伯来这里，他问我们今天炼了几炉。我们告诉他5炉，于是他用粉笔写了个'5'字。"

第二天早晨，斯切魏伯再次来到这个炼钢厂，夜班工人把“5”字擦掉了，写了个“6”字。白班工人看见夜班工人在地板上写了个大“6”字，他们想赶过夜班，就热火朝天地大干起来，到了交班时，他们竟写了个“8”。

就这样，在极短的时间里这个原来生产落后的炼钢厂比其他任何一个分厂的生产都要好！就是一个小小的数字，就能够把潜能轻而易举地开发出来了！

潜能的开发是收获成功的前奏，因为潜能“只可意会，不可言传”，来自人类的内心深处。潜能开发是人生中非常重要的一件事，它隔在平庸和杰出之间，决定了人生的成败和命运的走向。

实际上，我们绝大多数人都有可能比现实中的自己更伟大。伟大取决于能力，我们人人身上都蕴藏着巨大的潜能。只要发挥出这些潜在的优势，那么人人都能比现在的自己更伟大百倍、千倍。

在这个世界上，只有一个人最了解你，也只有一个人知道你的潜能是什么，那就是你自己。人应该大胆地亮出自己的才能，因为在这个世界上有耐心去发现人才并独具慧眼的伯乐太少了。我们绝不能因此而埋没了自己的天赋，我们应该有寻找自己潜能的主动性并亮出自己的勇气，去唤醒沉睡的优势与潜能。只有这样，你才能成为一个有大格局的人，才能取得更大的成功。

不要总是羡慕别人，你也很了不起

曾看到这么一则寓言：猪说："假如让我再活一次，我要做一头牛。工作虽然累点，但名声好，让人爱怜。"牛说："假如让我再活一次，我要做一头猪，吃罢睡，睡罢吃，不出力，不流汗，活得赛神仙。"鹰说："假如让我再活一次，我要做一只鸡，渴有水，饿有米，住有房，还受人保护。"鸡说："假如让我再活一次，我要做一只鹰，可以翱翔天空、云游四海，任意捕兔杀鸡。"

的确，我们总是像寓言中的动物一样，不由自主地羡慕别人所拥有的东西，羡慕别人的工作，羡慕别人买的新房，羡慕别人的车子等。唯独忽视了一点：我们自己也是别人所羡慕的对象。

台湾著名漫画家几米曾说过，一个人总是仰望和羡慕着别人的幸福，一回头，却发现自己正被仰望和羡慕着，其实每个人都是幸福的。只是，你的幸福，常常在别人的眼里。其实，每个人都有自己的位置和处境，与其盲目地羡慕别人，不如守住自己拥有的东西，成为自己想成为的样了。

人，要做真实的自己，努力成为自己想要成为的样子，在自我发展中选择一种合适的、符合自身发展的、让自己的生命充满意义的行为方式和价值观念来指导生活、提升自己。不得不说"成为自己想成为的样子"看似很简单的一句话，但在现实生活中却很少有人能够真正做到。理想很丰满，现实很骨感，理想与现实之间总是存在着极大的差距。

人的一生，羡慕的人有很多，但不要迷失了自己。我们可以通过观察别人的长处来修正自己的短处，与其仰望别人的幸福，不如注意别人经营幸福的方法；与其羡慕别人的好运气，不如借鉴别人努力的过程。

活在人世间，没有谁的生活是值得我们羡慕的。每个人都是宇宙空间里的小行星，都有自己的预定轨道和生活方式。你不可能成为别人，别人也不可能成为你。你的生活别人不能复制，别人的生活也不可能适合你。过好自己的日子才是最现实的。

透过别人的眼睛折射出来的光芒，你会看到那些光芒中反射回来的是你的幸福。就像这世间没有任何两片树叶的纹理是一样的，幸福与幸福也不尽相同，没有一个人的生活会和别人重复。好好算算上天给你我的恩典，你会发现你所拥有的绝对比没有的要多出许多。而缺失的那一部分，虽不可爱，却也是你生命的一部分。接受它且善待它，你的人生会快乐豁达许多。

林清玄说：“我，宁与微笑的自己做搭档，也不与烦恼的自己同住；我，要不断地与太阳赛跑，不断地穿过泥泞的路，看着远处的光明。”是啊，不管外面天气怎样，别忘了带上自己的阳光，愿我们成为自己想要成为的样子。不畏将来，不念过去，以自己喜欢的方式过一生。

当你的才华还撑不起你的野心的时候，你就应该静下心来学习；当你的能力还驾驭不了你的目标时，就应该沉下心来历练。机会永远是留给最渴望的那个人，学会与内心深处的你对话，问问自己想要怎样的人生。只有静心学习，耐心沉淀，才能培养自己的大格局，才能有一个出彩的人生。

要有主见，不盲目随从

在这世界上，每个人都是独一无二的自己。正因为这份独特，我们才要在成长的过程中从模仿学习他人，到蜕变成拥有“个性”标签的自己。我们有自己的脾气秉性，我们有自己的人生轨迹，我们有自己喜爱的生活方式。

在成长的岁月中，每个人都心怀希冀，每个人都怀揣梦想。因梦想而燃烧的时光，让我们每个人都变得勇敢、变得伟大。尽管梦想的路途并非一帆风顺，总是伴随着坎坷与荆棘，但正因如此，我们的人生会更加精彩。

人生就是一场旅行，在实现梦想的过程中，我们要有主见，不能盲目随从。不一样的你和我，自然是不一样的烟火！

在生活中，我们会接触到形形色色的人。有时候，他们的言行举止会影响到我们的判断。暂且不说跟随他人的指点是否正确，我们在听从他人的同时其实也在丧失自我。如果总是被别人的看法左右，如果让自己活在别人的目光和唾液里，如果缺乏主见、一辈子匍匐在别人的脚下，那我们也许一辈子都将一事无成。

我们在生活中要忠于自己，不必老是顾虑别人的想法，或总是想取悦他人。生命的可贵之处就在于按自己的想法生活。不要在乎别人的目光，要知道自己该做什么。不论如何，一定要保持自己的本色。

有一个女孩梦想成为歌唱家，但她长得并不漂亮。她的牙齿龅凸，嘴很大。每次在夜总会公开演唱的时候，她总想把上嘴唇拉下来，好遮挡住她的龅牙。结果，她怪态百出，失败是在所难免的。

有一天，一个在夜总会听这女孩唱歌的人认为她很有天分，便对她说：“我知道你想遮掩什么，你觉得你的牙齿长得很难看。其实没必要这样做，长了龅牙不是罪大恶极，不要去遮掩，张大你的嘴。观众看到连你都不在乎，他们就会喜欢你的。”

从此，这个女孩不再注意自己的牙齿，她唱歌的时候想到的只有她的观众。她张大了嘴巴，热情奔放地唱歌。后来，她成了当红明星，实现了自己的梦想。

其实，我们每个人都有潜能。保持自己的本色，不论做任何事，都要顺着你心中所想的去做。独立思考，拥有自己的主见，我们将获得真正的快乐。

一位年轻企业家在分享成功的秘诀时说：“如果做事怕别人提出反对意见，就放弃了自己的想法，那么你就失去了自己。做人做事，要有明确的立场、要独立。每个人的想法都不会完全一致，因此我们做人做事要看我们想达到的目标效果，而不要过于顾虑一些人的议论。时间可以证明一切，当你成功了，那么那些议论自然就止息了。只要是正确的，也就是我应当做的，不论得失成败。”

的确，天下事只怕你不认真，拿不定主意，没有自己的思想，看别人的言行而做。只有你认真起来，不怕别人的褒贬，按照自己的思想去做，不人云亦云、随波逐流，才会获得他人所不能取得的成功。

有一句话说得好，最适合自己的就是最好的。我们要拿出“走自己的路，让别人去说吧”的勇气踏踏实实地做自己的事，只有这样才有可能取得成功。当我们遇到磕磕绊绊时，必须冷静对待，用心思考，仔细分析，认真抉择。不从众，方出众。我们只有拒绝盲从，学会理性思考，有自己的主见才能离成功越来越近。

改变人生从改变自己开始

著名的哲学家柏拉图对他的学生们说："我能够把对面的山移过来。"学生们一下子炸开了锅，觉得非常羡慕又很好奇，于是纷纷向老师请教方法："老师，您是怎样做到的呢？能不能教教我们？"这时柏拉图就笑道："很简单，山若不过来，我就走过去！"在场学生一片哗然！

这个故事告诉我们，我们不可能移动山，也可以说我们改变不了世界和社会上太多的东西，但我们可以换个心态自己走过去。很多时候，我们没有办法选择自己生存的环境。面对选择，有时并不尽如人意，得去适应自己可以拥有的。

道理我们都懂，可为什么依旧过不好这一生。从本质寻找问题的来源，究其本源，从改变自己开始才是真正的解决之道。所以说，以选择环境为辅，改变自己为本，方能彻底改变人生格局。

投资大师巴菲特说过："人生在世，要时刻思考人生。虽然命不可更改，但运是可以改变的。当你无法改变环境时，改变自己。"

不过，大多数人想要改造这个世界，但却罕有人想改造自己。有时候迫切应该改变的，或许不是环境，而是我们自己。所以，正确的选择是：搞明白自己想要的，一定要的，必定能得到的。

有一个墓碑上写着这样一段话：当我年轻时，我梦想改变这个世界。当我发现这个世界是不能改变的，于是我将眼光放得短浅一些，那只改变我的国家吧！但我的国家似乎也是我无法改变的。当我到了晚年，抱着最后一丝希望，决定只改变我的家庭，我亲近的人。但是，他们根本不接受改变。在我临终之际，我才突然意识到：如果起初我去改变我自己，接着我就可以改变我的家人，有了希望也许就能改变我的国家，也许连整个世界都可以改变。

既然如此渴望改变世界，就不要等待什么巨人出现，赶快行动起来吧！也许我们不是大权在握的政治家，也不是取得卓越成就的企业家，改变世界从哪里开始呢？答案是改变世界就要从改变我们自身开始。

所以说，一个人要在这个世界上立足，社会中生存，最好的方法就是不断地学习与改变自己。若想改变自己，首先要正确地认识自己，敢于否定自己。人们之所以看不到自己的缺点，是因为自己所定的目标没有变，或者是很低。如果你能够提升衡量自己的标准，就会发现自己存在很多不足。

很多成功人士之所以能够获得成功，一方面是与自己的努力拼搏有关。最重要一点就是，他们不断地反省自己，找自己存在的不足。只有不断地总结、改进，才会一步步地走向成功的彼岸。

当“御用文人”李白呼唤自己放养于青崖间的白鹿即骑访名山时，他改变了自己。朝廷希望他吟风弄月歌功颂德，而他却只想一展鸿鹄之志。无法改变官场的他，只得改变自己的志向。于是寄情于山水，遍览名山大川。虽然未能圆自己的经天纬地之梦，但却造就了半个诗歌的盛唐，为后人所传颂。

有人会问，改变自己是否要失去自我？其实，改变自己并不意味着就失去了自我，放弃了做人的原则，把自己的优点也改变了。只有改掉自己不好的，才能留下更好的；只有知道了什么是不变的，才能找到自己哪些是需要改变的。

逃避现实只会让人过得更痛苦，但凡事只要勇敢面对，就会发现自己的人生越来越好。如果你不满意自己现在的人生，就应该勇于改变、跳脱自己的舒适圈。找出让你陷入人生泥淖的原因，然后面对它、解决它。

可以说，每个人的人生开始都是不可选择的，但是人生的走向却是自己可以选择的。在自己的环境里会给自己带来舒适的感觉，但是能过不一样的人生也是一种追求。你的世界想要与别人不同吗？那就要改变自己。

1. 想想你真正想要改变的是什么

想想你真正想要改变的是什么。花时间专注在这个问题上，是因为如果你对某事充满热忱，那么它就会更容易执行。要让你的好奇心指引你，问问你自己："在现在的生活中我想要探索什么？"寻找一个或几个领域去改变或者把你喜欢的爱好增添到生活中，最好把它们全都写下来。

2. 不要总是回首过去

回首过去，告诉自己："如果当初做了这件事或那件事，那么人生就会变得不一样，或许会变得更好。"这也许是对的，但你不可能真的改变过去，除非你拥有一部时光机。在脑海中重新回味往事不可以改变你的现在与未来。它只可能让你的内心继续停留在让你后悔的往事中。

如果老是强调过去，你就永远只能在原地停滞不前。关好走过的每一道门，不要往后看。回顾过去，难免会有空虚和失落。不管你曾经有过怎么样的辉煌，创造过多么瞩目的业绩，当你到达一个新环境之后，你都必须重新开始，以一种谦虚的态度面对工作。不要总在过去的回忆里缠绵，毕竟昨天的太阳晒不干今天的衣裳。

3. 尊重自己，低调做人

生活并不像我们想象的那样一马平川。当努力被现实击碎，当理想化为泡影，那些习惯于策马扬鞭的高调者或许会因为经受不住打击而败下阵来，丧失生活的斗志。而尊重自己的人，懂得缩小自己，谦卑低调做人，能够以一种从容淡定的胸怀笑看失败，继续前行，直至获得成功。

4. 做自己喜欢的事

有人说，幸福是品尝山珍海味；有人说，幸福是看尽世间美丽；也有人说，幸福是拥有金山银山。然而我要说：拥有这些，不一定就是真的拥有了幸福！什么是幸福？幸福就是做自己喜欢的事情。的确，做自己喜欢的事是自由，喜欢自己做的事是幸福。如果可以的话，努力往自己喜欢的路上走，做自己喜欢的事情。这才能拥有最快乐的人生。

5. 积跬步，至千里

认为某些事情非常巨大、恐怖或困难是人们遇事退缩的普遍原因之一。另一方面，人们往往会高估自己的意志力。在你头脑中，计划看起来很不错，但当你真正执行时，你会发现其实你根本实现不了那么多在你脑海中一闪而过的行动、改变。一次只关注一件事，然后一小步一小步的去做，这样可能会使你感觉这些事容易很多。

6. 不要太在乎当下的不如意

在这个世界上，有许多事情是我们很难预料的，会遇到很多不如意的事。我们不能控制际遇，却可以掌握自己；我们无法预知未来，却可以把握现在；我们不知道生命有多长久，但我们却可以安排当下的生活。我们无法避免逆境与困难，那就迎难而上获取新的生活！

当你遇到一些不如意的事情，不管是经济问题还是工作问题，不要因为这些就放弃了自己的信仰和梦想。

第四章

心态：放弃消极，好心态塑造好格局

不论过去如何都不重要，重要的是你对未来必须充满期望。人要有大格局，有大格局才有大气量、有大方向，让你看到别人忽略的东西。只要你每天朝梦想迈进一步，梦想就离你近了一步。把实现梦想道路上的艰难困苦都踩在脚下，就算掉进低谷，也要昂首挺胸。坚信有梦就有力量，你就可以了不起。

不要任性矫情，认真过好每一天

人生不过短短的几十年，似水一样流淌，不可遏阻。我们要认真过好每一天。毕竟生活并不是那么矫情，容不得我们任性！要知道，在你徘徊的时候，总有人在前行；在你迷茫的时候，总有人在努力；在你放弃的时候，总有人在坚持……我们只有在正确心态的指引下，做了自己真正想做的事情，才能逐步走向成功。

豆瓣红人特立独行的猫曾这样写道：纵使这个社会有诸多不公，有千般难以解决的难题，但是抱怨和指责永远解决不了问题，我们唯一能够做的，就是在绝望的时候干上一大碗鸡血，然后沉默地朝着自己的梦想大步前行，清楚自己的目标在哪里，然后为之付出 200% 的汗水和努力。

的确，世界是如此残酷，但这不代表挣扎和改变没有意义，因为这是一条改变自我最行之有效的路径。

曾在书上看到这样一句话“年轻的我们，在接受着生活的五味，品味着独特的味道，我们点燃青春之火，在我们的信念里，什么都算不了，我们怀揣梦想，在属于自己的天地间任意飞翔、驰骋，我们相信青春梦想掌握在我们自己手中，需要我们去创造！”的确，人生就是这样，怀揣梦想，自由驰骋，这样才有意义。

正如五月天的歌曲所唱：逆风的方向，更适合飞翔，我不怕千万人阻挡，只怕自己投降。的确，无论梦想大小，坚持就能走到。也正如丁尼生所说：梦想只要能持久，就能成为现实。我们不就是生活在梦想中的吗？

任何事情都成于坚持，毁于半途而废。当你陷入困境时，只要再坚持一下，你就胜利了。我们要咬紧牙关坚持，要么听别人的掌声，要么为自己鼓掌。每个人都会经历一段咬紧牙关的坚持，忍过了，你就是强者。人生没有不可逾越的天堑，只要我们永不懈怠地一步一步走下去，前面就是成功的彼岸。

梅花香自苦寒来，宝剑锋从磨砺出。或许现在的你正处于人生的低谷，看不到希望的曙光，找不到生存的出路。如果你心甘情愿做命运的奴隶，裹足不前，那么等待你的将是以泪洗面和难以下咽的失败。所以，我们需要在心中燃起炽热的火光，怀着对未来的希望，奋起拼搏与厄运斗争到底，就会被鲜花和掌声所包围。

我们永远不要忘了："你只能干你最想干的，但不能要你最想要的。"叔本华的这句箴言，道出了人间的大智慧。敢想不敢干，人生就会腐烂。你最想干什么，就去干什么，这样才能距离你的梦想越来越近。

小事见格局，细节看人品，世间本无事，一切在人心。你的格局之内不能少了对任性的洞察。有格局的人，不会闹小情绪，不会恨对手。大格局有大气量，有大方向，让你看到别人忽略的东西。

生活不会自动为你我铺路，生命不息，折腾不止。每天的努力，都是在给明天的生活埋下伏笔。只有什么都去做，努力做，拼命做，认真地过好生命中的每一天，才能实现梦想。

离消极的人远一点

万丈红尘三杯酒，千秋大业一壶茶。这壶茶该和谁喝，这杯酒该让谁喝，你每天在和谁喝酒喝茶聊天，就是你的格局。你的财富、你的成就、你的事业不会大于你的格局。一个境界低的人讲不出高远的话，一个没有使命感的人讲不出来有责任的话，一个格局小的人讲不出来大气的话。

在我们身边，有不少消极的人。他们没有大格局，不知上进，还想把别人也拖下水。这些都是扯你后腿的人。要想获得成功，就必须远离扯你后腿的人。因为你是谁并不重要，重要的是你和谁在一起。我们从一开始就要做一个积极向上的人，不断自律自省自信。我们要做一个有大格局的人，摒弃一切消极的想法和因素，把目光投向广阔的人生舞台，给自己一个奋斗的理由。

“孟母三迁”的故事我们都比较熟悉。孟子的父亲死的早，孟母为了孟子有一个好的学习环境，三次搬家。开始他们住在墓地的旁边，孟子就学习那些来拜墓的大人哭嚎，跪拜。孟母觉得这样不行，就搬家到集市上。但在集市上孟子看见那些大人们在经商，他也学会了和邻居的孩子做生意。孟母看见了，觉得这样也不行，就搬家到了文庙的附近。到了文庙的旁边，孟子天天看见官员来文庙，行礼跪拜，礼貌相对，孟子也学会了。孟母十分高兴，她认为孟子就应该住在这里。

我们从这个故事可以看出：孟母知道要想孟子成为一个成功的学者，就必须拥有一个好的生活圈子。可见，一个好的生活圈子对于一个成功者是多么的重要。

科学家研究认为："人是唯一能接受暗示的动物。"积极的暗示，会对人的情绪和生理状态产生良好的影响，激发人的内在潜能，发挥人的超常水平，使人进取，催人奋进。远离消极的人吧！否则，消极暗示会在不知不觉中偷走你的梦想，使你渐渐颓废，变得平庸。

洛克菲勒对儿子小约翰提出过这样的忠告："扩大你的社交圈，可以增加你的生活情趣，扩展你的生活领域，或帮你找到知己或帮你实现人生理想的人。但有些人显然不值得你与他交往。比如那些拘泥于卑微、琐碎的人。"的确，人与人在一起生活、工作、学习得久了，必然会受到彼此的影响。因此，为了防止受到消极、不良的影响，我们在结交朋友时就应该远离消极的人。

世界著名演艺大王佛洛门先生，在他成功之初，曾经因为将要演出一场别人已经演过但失败的戏，而遭受一般自认为"内行"的人讥笑。一些消极的朋友劝他不要演这出戏，说他的行为近乎白痴。但是他并不把他们的讥笑放在心上。

最后，他用事实证明了他的勇敢并不是"白痴"的行为。演出非常成功，观众每天都挤得水泄不通，可说是演艺界的空前盛况。最终，他从一名小小的戏院售票员成为"世界娱乐业大王"。

有人说，人生有三大幸运：上学时遇到好老师，工作时遇到好师傅，成家时遇到好伴侣。有时他们一个甜美的笑容，一句温馨的问候，就能使你的人生与众不同。生活中最不幸的是：由于你身边缺乏积极进取的人，缺少具有远见卓识的人，使你的人生变得平平庸庸，黯然失色。

中国有句老话叫做："近朱者赤，近墨者黑。"和什么样的人在一起，就会有什么样的人生。不得不说，你和谁在一起非常重要，甚至能改变你的成长轨迹，决定你人生的成败。

洛克菲勒曾经有一个厉害的对手叫本森，他俩同时也是非常好的朋友。本森曾开玩笑地对洛克菲勒说："洛克菲勒先生，您是一个毫不手软而又完美的掠夺者，输给那些坏蛋，会让我非常难过，因为那就像遭遇了抢劫。但与您这种循规蹈矩的人交手，不管输赢，都会让人感到快乐。”洛克菲勒不知道本森是不是在恭维他，于是说：“本森先生，如果你能把掠夺者换成征服者，我想我会乐意接受的。”本森笑了。

即便是商场上强劲的对手，但是只要他有良好的品质，卓尔不群，洛克菲勒便会真心地尊重他并与他交朋友。因为“不与消极的人为伍”一直都是洛克菲勒所秉持的为人处世之道。

如果你想像雄鹰一样翱翔天空，那你就要和群鹰一起飞翔，而不要与燕为伍；如果你想像野狼一样驰骋大地，那就要和野狼群一起奔跑，而不能与鹿羊同行。如果你想聪明，那你就要和聪明的人在一起，你才会更加睿智；如果你想优秀，那你就要和优秀的人在一起，你才会出类拔萃。

毕竟，你是谁并不重要，重要的是你和谁在一起。所以我们从一开始就要做一个积极向上的人，不断自律自省自信。因为方向对了，内心就亮了；态度对了，幸福就来了！

在绝望中寻找希望

当生活带给你不如意时，当你觉得处处碰壁时，你不要匆匆忙忙地为自己下定义，以为这一辈子再不能翻身。其实，生活中没什么不可能发生的事情。对于你，好的坏的，愿意的不愿意的，下一秒钟都有可能上演。只是，你抱着怎样的心态来面对，能不能看到危机中的那些转机。

不要在意别人的说法，未来始终是自己的，梦想始终是自己的，没有人会来帮你实现它。有梦想就去努力，因为现在不去努力也许就再也没有机会了。你要在绝望中寻找希望，没有到不了的明天。

有两只贪吃的老鼠，为了偷牛奶喝爬上了奶农用来盛牛奶的大桶。一个不小心，两只老鼠都落到了桶中。老鼠会游泳，所以即使是掉进去了也没有立刻被淹死，它们两个在牛奶中疯狂地扑腾着，想要沿着桶壁爬上去。可桶壁很滑，它们用尽了气力，最后还是没能爬上去。

一只老鼠哀怨地叫起来："天啊，这桶壁这么滑，怎么可能爬得出去！我现在已经没有一点力气了，看来今天是要死在这里了。"

另一只老鼠安慰道："你再坚持一下吧，这桶牛奶已经在逐渐变干，里面的水汽都快蒸发完了。等它变干了，我们就能爬出去了！"

"它真的会干掉吗？我真的能等到那个时候吗？"那只哀怨的老鼠喃喃地说道，气息也逐渐地变微弱了。几分钟后，它便停止了游动，然后悄无声息地沉入桶底。

另一只老鼠虽然为同伴的死感到痛心，但它并没有因此放弃求生的努力。太阳的暴晒虽然让它头疼欲裂，但疲惫的它还是一刻不停地扑腾着不让自己沉下去。

终于，牛奶在太阳的暴晒和老鼠的搅动下变干了。而这只坚持到最后的小老鼠，便踩着凝固的牛奶爬了出去。

心态不一样，看待问题的角度就不一样，结果也会不一样。如果你还在为现在的痛苦而备受折磨的话，不妨想一想以后。这个世界上不存在最不幸的人，只有最不幸的念头。虽然绝处逢生总是给人一种遥不可及的感觉，就像好莱坞的惊险电影一样，主人公眼看着就要被逼上绝路了，可是却突然出现了转机。或是化险为夷，或是柳暗花明，结局都是圆满的。虽然电影大部分都是虚构的，但很多人却忘了一点——每个人都是自己人生的导演。

“没有什么不可能。”这句话是美国西点军校最著名的校训之一，也是西点军校传授给每一位学员的理念。它对学员在智慧、性格、纪律和毅力方面的塑造是十分成功的。它告诉每一位学员都应积极动脑，想尽一切办法，付出艰辛的努力去完成任何一项任务，而不是为没有完成任务去寻找托辞，哪怕是那些看似可以原谅的理由。

生活中，当你很轻易地用一堆理由和借口来搪塞自己将要面临的问题时，这说明你已经有了做错事的念头。此时你采取的是一种逃避错误的心理去应对问题，在这种心理暗示下你当然不可能把事情做好。假如你在遭遇困难和挫折的时候，第一反应是把这当成一个自我挑战的开始，积极面对，那么你就会以高度的责任感去把它做到极致，也为自己的人生打造出一个美好的开始。

古语有云：天将降大任于斯人也，必先苦其心志，劳其筋骨，饿其体肤，空乏其身，行拂乱其所为。所以，困境虽然是让人痛苦的，但却不是最让人绝望的。你一不小心让现实给绊了一下，也许这一跤让你摔得生疼，但却不必过于惊慌，因为你还活着。

史铁生，在最狂妄的年龄断了双腿，他曾一度想到过死亡。但他最后还是战胜了绝望，理智地面对人生。他说：“人生来就是一件不可辩证的事情。死是无须急于求成的。”身在轮椅，心驰苍穹，对命运的抗击让他学会不再绝望。如果当初他选择了死亡，现在又有谁会记得这个在文学上有着巨大成就的人呢?

绝境只是一个过程，一定会有结束的时候。面对绝境，回避不是办法，挑战才有出路，大格局的人不会绝望，能在绝境中捕捉飞逝的机遇，而消极颓废的人会在绝望中走向堕落沉沦。只有经历了绝望，才会有大格局，才会有美好的人生。

一路坚守向前，阳光总在风雨后

俗话说：“失败乃成功之母。”当你经受住苦难的考验后，你就可能会与成功成为朋友。坦然地看待苦难，苦难是一笔财富，它可以锤炼人的意志，使人获得生活的真谛。当然，我们在面对苦难的时候要忍耐，要有希望，只有保持一种好心态，因为心态决定一个人的格局，而格局决定着你的人生。

1991年，马云第一次创业时成立的海博翻译社，第一个月的收入是700元，而房租是2400元，马云被身边的朋友讥讽了很久。

为了维持海博翻译社的正常运转，马云一个人背着一个大麻袋到义乌、广州进货，翻译社开始卖礼品、鲜花，以最原始的小商品买卖来维持运转。马云也曾经销售过一年的医药，一个堂堂大学教师去干这样的活儿，面临着心理和体力上的双重压力。

1995年，马云创立中国黄页时，异常困难。马云自己拿出了7000元，又从妹夫、妹妹那儿借来一些，东拼西凑了两万，然后再将家具差不多都卖光了，攒齐了10万本钱。只租一间房间当办公室，只用了一台电脑，公司的员工也只有对计算机稍有了解的自动化专业毕业的朋友何一兵，以及马云和他的妻子一共3个人。

1999年3月，马云在杭州创办阿里巴巴公司的时候，没有办公场地，就在他的家里办公。他和他的创业伙伴们拼命工作，地上有一个睡袋，谁累了就钻进去睡一会儿。

马云后来说，我成功的原因是什么，我觉得就是永不放弃。是啊，马云一路坚守，一路向前，终于取得了成功。

人的一生就是一个不断奋斗的过程。在这个过程中，你难免要体会到种种酸甜苦辣的滋味，你会感到困惑，感到迷茫，甚至以为生命的价值不过如此，但是如果你对现实低头，对命运屈服，那么你的生命就会毫无意义。

苦难对于每个人来说都是一场考验，只有经受住苦难的考验，才能铸就非凡人生。李嘉诚说过："苦难的生活，是我人生的最好锻炼。"因为正视了苦难对自己的作用，所以，他获得了巨大的成功。

苦难，原来并不可怕，可怕的是没有战胜苦难的勇气，可怕的是我们不能正视苦难。只有苦难，才能证明你的能力；只有苦难，才会使你获得资本。正视苦难，也就正视自己的人生。

人们活着的信念，多半是为了得到赞美，获得更多人的认可。也许，有时候你觉得自己不够优秀，你的能力有限，你不能创造出更大的价值，不能像有些人那样体面风光。这时候，你需要做的就是学会满足，真心热爱你的生活，只有这样你才是你生命的主人，值得所有人尊重。一路坚守向前，接受能接受的，改变能改变的。这不是对命运的屈服，而是面对人生大起大落时的一种从容的态度。

多笑一笑，痛并快乐着

岁月会流逝，世事会变迁，我们要学会忘记，忘记流泪的昨天，忘记羁旅苦闷的孤独，忘记漂泊的酸楚无助，学会忘记，就是学会正确面对人生。失败和挫折不算什么，要保持一颗快乐的平常心，直面挫折，笑迎失败，痛苦根本就不算什么，快乐的好心情，其实掌握在自己手中。

追求快乐是每个人的天性，但经历苦难也是人生难免的。笑对人生，是一种超然的心态，更是一种凌驾于命运之上的气度。任大雨滂沱、道路崎岖，我自勇往直前。笑对人生，是一种勇气，更是一种淡泊。

保持一颗平静的、平常的心，“宠辱不惊，看庭前花开花落；去留无意，望天空云卷云舒”。面对人生道路上的挫折和不幸，笑是最好的应对方式；面对生活中的厄运与不公，笑是最正确的人生态度。

两个青年一起去体检，结果出来后，第一个青年高高兴兴地回家了，因为化验单显示一切正常；第二个青年则愁眉不展，化验单上有一行字：肺结核复发。

第二个青年只好住进医院接受治疗。但几个月后，他的病不仅没好，反而越来越严重。医生便通知了他的家人。他的家人听到这个消息后大吃一惊：“怎么可能？我们的孩子从来没得过肺结核，怎么会复发？不可能！”

家人要求对病历进行核查。这一查，才查出真相：原来那天值班的医生把两个青年的病历搞混了。再看这个青年，他一听自己没病，心情一下好多了，没几天就出院了。

这时，医生立即通知那个真正肺结核复发的青年前来接受治疗。青年来到医院，作了一番检查，检查结果竟然是他的病已经痊愈了！

原来，这个青年自从看到那张正常的化验单后，心情特别愉快，思想上的压力也没有了。最后，在没有打针和没有吃药的情况下，他的病居然痊愈了。

一次医院的失误，却给两个青年带来了不可思议的结果。虽然良好的心情并不能保证你一定会不药而愈，但却是康复之路上的良朋益友。这就如同《圣经》中所说："喜乐的心，乃是良药；忧伤的灵，使骨枯干。"

莎士比亚说："成功的秘诀就在于懂得怎样控制痛苦与快乐这股力量，而不为它们所反制。"面对挫折与不幸，悲观的人看到的是危机，乐观的人看到的是转机。

19 世纪中叶，美国有个叫菲尔德的实业家，率领工程人员用海底电缆把欧美两个大陆连接起来，为此，他成为美国当时最受尊敬的人，被誉为"两个世界的统一者"。但在举行盛大的接通典礼上，刚被接通的电缆传送信号突然中断，人们的欢呼声变为愤怒的狂涛，纷纷骂他是"骗子""白痴"。但菲尔德对于这些毁誉只是淡淡一笑，他不作任何解释，只管埋头苦干，经过 6 年的努力，最终通过海底电缆架起了欧美大陆之桥。

可见，乐观向上的生活态度能使人充满自信，胸怀宽广，意志坚强，不会被暂时的困难和挫折吓倒，更不会为流言蜚语所动摇，他们有的是必胜的信心和勇气。相反，消极悲观的人，只会遇事退缩，终日愁眉不展，一蹶不振。

不得不说，人生的烦恼就像秋天的落叶，你无法阻止它落下来，但如果让它堆积在心中，就会慢慢腐烂，散发出难闻的味道。这时，你需要喜乐这剂良药，它能一扫心中的污秽，还你一片澄清的天地。

意大利诗人但丁曾有一句名言："走自己的路，让别人说去吧。"字里行间也坦露出一种轻松的人生态度。面对风云，一笑置之，看似消极，实则是一种积极的人生智慧。在短短几十年的人生路上，关键是要拥有一种洒脱的魄力。当你走过世间的繁华，阅尽世事，你会幡然明白：人生不会太圆满，再苦也要笑一笑！

天堂还是地狱，关键在于心态

在我们身边有这样一种怪现象：我们所赚的金钱越来越多，但是快乐愈来愈少；我们沟通的工具越来越多，但联系得越来越少；我们认识的人越来越多，但知己越来越少；我们住的房子越换越大，但在一起生活的人越来越少；楼房盖得越来越高，但我们的心胸越来越窄；我们渴望了解外星人，但对身边的人却不够了解……

在现实生活中，我们经常会被各种问题困扰，与同事之间的钩心斗角，为住房问题烦心，钱挣太少等等。不少人因此情绪不佳，终日郁郁寡欢。其实，上帝是公平的，当我们呱呱坠地的时候，我们拥有的一切都是相同的，那为什么最后的结果却截然不同呢？只有一个理由可以解释，那就是心态。

心态，顾名思义，就是对事物发展的反应和理解表现出不同的思想状态和观点。看问题的角度不同，得出的结论也不同，最后得到的结果自然也就不相同了。一个人有什么样的心态，就有什么样的人生。一切的成就，一切的财富，都始于积极的心态。生活里的每一个细节都蕴藏着快乐，只在于你如何感受。天堂还是地狱，关键在于心态。

有一个叫比尔的人被解雇了，他是突然被“炒鱿鱼”的，而且老板未做任何解释，唯一的理由是公司的政策有些变化，现在不再需要他了。更令他难以接受的是，就在几个月以前，另一家公司还想以优厚的条件将他挖走，当时比尔把这事告诉了老板，老板竭力挽留他，他才没有离开。而现在比尔却落到了如此结局，可想而知他是多么痛苦。

一个原本能干而有生机的比尔变得消沉沮丧、愤世嫉俗。在这种心境下，比尔怎么可能找到新的工作呢？有一天，他无意中翻出一本书——《积极思考的力量》。看过一遍后，他意识到，要想发挥积极思想的作用，自己首先必须做到一点——排除消极的情绪。于是，他开始改变思维方式，摒除消极的情绪，代之以积极的思想使自己心灵复苏。后来，他整个心态完全变了，又找到了新的工作。

可见，好的心态至关重要，它是我们迈向成功的第一步，也是通往完满人生至关重要的一步。心态对了，一切都将变得顺利。

生活中，失败平庸者大多主要是心态有问题。遇到困难他们只是挑选容易的倒退之路。“我不行了，我还是退缩吧。”结果陷入失败的深渊。成功者遇到困难，仍然是积极的心态，用“我要！我能！”“一定有办法”等积极的意念鼓励自己，于是便能想尽办法，不断前进，直至成功。

哲人说：“你的心态就是你真正的主人。”伟人说：“要么你去驾驭生命，要么是生命驾驭你。你的心态决定谁是坐骑，谁是骑师。”的确，影响我们人生的绝不是环境，也绝不是遭遇，而得看我们对这一切有什么样的心态。人可以被打败，但不可以被打倒。只要心态积极，在100次被打倒后，还会101次站起来，并用不屈的毅力和信念赢得未来。

因此，无论你自身条件如何差，只要你用积极的心态，并将它和成功定律的其他定律相结合，就可能达到成功的彼岸。反之无论你自身条件如何优秀，机会如何千载难逢，只要你用消极的心态，则你的失败是必然的。

爱默生说：“一个人就是他整天所想的那些。”你想什么，你就是怎样的一个人。因为每个人的特性都是由心态而来的。如果你心里都是快乐的念头，你就能快乐；如果你想的都是悲伤的事情，你就会悲伤；如果你想到的是一些可怕的情况，你就会害怕；如果你有不好的念头，你恐怕就会不安心了。不同的人有不同的心态，也就带来了不同的结果。

总之，我们无法改变人生，但可以改变人生观；我们无法改变环境，但可以改变心态；我们无法调整环境来完全适应自己的生活，但可以调整态度来适应环境。只要有一个好心态，就会获得成功，最终改变自己的命运。

你比想象中强大，相信自己是有用之才

在人的一生中，决定人生成功的重要因素究竟什么呢？是气质，还是性格？是勇敢，还是聪明？其实，这些都不是，最重要的是自信。一个人必须树立起强大的自信，只有相信自己是有用之才，才能胸怀大志，豪情万丈；只有相信自己，才能放大格局，开创人生的伟业。

著名演员范伟曾说："人的脆弱是不自信导致的。"的确，一个人要想干一番事业，没有什么都不能没有自信，没有自信只会让你变得越来越脆弱，最终一事无成。而充满信心的人永远不会被击倒，他们是人生的胜利者。

提到华罗庚，大家都比较熟悉，他是我国著名的数学家。不过，他在上小学时，学习成绩并不好，小学没有拿到毕业证书，只是拿到了一张修业证书。上初一时，数学课经过补考才及格，同学们都讥笑他。但同学们的嘲讽并没有让华罗庚灰心，他下定决心要学好数学。华罗庚知道自己并不比别人聪明，就用"以勤补拙"的办法：别人学习一小时，我就学习两小时。最后，他终于成为我国著名的数学家。

可见，人的潜力是无穷的，只要你相信自己并且愿意尝试、努力，就一定能够把握住机会，拥抱成功。反之，一个缺乏自信的人，往往不敢展示才华，常常与成功的机会失之交臂。

古希腊大哲学家苏格拉底知道自己的时日不多了，便把一位平时看起来还不错的学生叫到床前说："我的时间不多了，我要找一个能

继承我的人。”那位学生说：“是的，您的思想光辉要很好地传承下去才行。”

苏格拉底说：“我需要一个最优秀的继承者，他要有智慧、信心和非凡的勇气，我还没有见到这样的人，你帮我寻找一位好吗？”学生恭敬地说：“我一定尽全力去寻找，绝不辜负您对我的栽培和信任。”苏格拉底笑了笑没再说什么。

那位忠诚而勤奋的学生找来好几位他认为很优秀的人，但都被苏格拉底婉言谢绝了。已经病入膏肓的苏格拉底对那位学生说：“辛苦你了，但你找来的那些人，其实都不如你。”学生诚恳地说：“我一定加倍努力，把最优秀的人选给您找出来。”

半年之后，苏格拉底眼看就要告别人世，但最优秀的人选还没有着落，学生因此非常惭愧。苏格拉底很失望地说：“失望的是我，对不起的是你自己。本来，最优秀的就是你自己，只是你没有自信心罢了。”说完，一代哲人便离开了人世。

可见，自信对实现人生目标是非常重要的，相信你就是最好的，你就是最优秀的。一个人只有自信地活着才能不断突破自己，突破自我才能让我们听到胜利女神动听的召唤。

其实，人与人之间没有多大的差别，只是有人敢做、有人敢说、有人敢想，要相信别人能做成的事你也能做。曾有位诗人这样说：“人类体内蕴藏着无穷能量，当人类全部使用这些能量的时候，将无所不能。”尽管诗歌往往源于一些超现实主义的，并有明显的夸大之嫌，但一定程度上说明自信对一个人是何等重要。

德国哲学家尼采说：“聪明的人只要能认识自己，便什么也不会失去。”是的，认识自己很重要，不过，认识自己却很难。正如那古老的寓言中所说，人生在世，每个人的颈上都挂着两只袋子，前面装的是别人的过错，这过错摆在自己的面前，看得清清楚楚，真真切切；背后装的是自己的过错，既看不见，也不容易感觉到。如果我们每个人都能够经常打开自己背后的那只袋子，看看自己，就能真切地认识自己，把握自己的命运了。

我们一定要战胜藏在自己心底的恐惧、怀疑和忧虑。我们只有鼓励自己，给自己信心和力量，怀有“天生我才必有用”这样的信心，拒绝平庸，摆脱胸无大志、自暴自弃的那个自己，才会向越来越高的目标前进。所以，不管身居何方，环境优劣，职位高低，能力大小，从事何种工作，我们都要记住：不靠天，不靠地，我们靠自己！

不要迷茫，为理想奋斗吧

路再远，终有尽头；伤再深，亦会痊愈。我们是自己生命的赶路人，背负着对未来的希冀，走过每一段痛且快乐的时光。因为心系远方，哪怕路迢迢，我们在坚韧中跋涉；因为怀揣向往，何惧艰险多，我们在抗争中坚强。

我们可以平凡，但不能没有理想，因为拥有理想就能注入超越平凡的动力。我们可以功不成名不就，可以无过人之才，可以无惊世之举，可以平凡地过完此生，但绝不能没有理想，心甘情愿地一世平庸。

人生浮沉是一种历练，岁月沧桑是一种积累。无论走到生命的哪一个阶段，我们都该喜欢那一段时光，完成那一阶段该完成的职责。不要沉迷过去，也不要狂热地期待着未来。岁月总有许多遗憾需要弥补；生命也总有许多迷茫需要领悟。不管我们正经历着怎样的挣扎与挑战都不要迷茫，要明确自己的理想并为之奋斗，相信我们就会有一个美好的未来。

林语堂曾说："梦想无论怎样模糊，总潜伏在我们心底，使我们的心境永远得不到宁静，直到这些梦想成为事实才止。像种子在地下一样，一定要萌芽滋长，伸出地面来寻找阳光。"如果一个人没有理想，就好像身处在一片黑暗之中，找不到前进的方向。因此，我们必须要树立自己的理想。

拥有什么样的理想，就能造就什么样的人生。一个没有理想的人就像断了线的风筝，只会在空中东摇西摆，找不到自己的方向。无数成功的前辈告诫我们，你应该在这个世界上找到适合你的位置，找到合适的人生坐标，找到能让你发挥潜能的工作，找到你能够做得最好的工作，而不是你想做或是你能做的工作。那么，你就有可能获得成功。

法国有一位著名的心理学家叫伊尔·索尔芒，他调查了全世界的18个贫困国家，得出来结论是：人类最大的敌人不是灾祸，不是瘟疫，不是令人憎恨的战争，而是自己。一个人相信自己，相信世界很美好的时候，他所见到的人都会很友善，世界也会美好。一个人不相信自己，怀疑一切的时候，他周围的人就都很狰狞，世界也一片黑暗，他就什么都完了。

不得不说，一个没有志向的人，不可能有明确的目标；反之，志向则是人生前进的内在动力。一个人的志向不是天生的，都是在后天的生活中确立起来的。曾国藩说，“人如果能立志，他就可以做圣人、做豪杰，没有什么做不到的事情。”而当一个人没有了志向，丧失了进取心的时候，想成才无疑是白日做梦。

毫无疑问，志向决定了一个人的格局大小，对一个人的事业发展非常重要。所以，你认为自己是什么，最终你就会是什么。不论过去如何那都不重要，重要的是你对未来必须充满期望。只要你每天朝梦想迈进一步，梦想就离你近了一步。把实现梦想道路上的艰难困苦踩在脚下，就算掉进低谷，也要昂首挺胸地坚信有梦就有力量，你就可以了不起。

第五章

包容：不断突破取舍，才能持续扩大格局

人生是由格局决定的，而决定格局的关键就是知取舍。人生中，取是一种本事，舍是一门学问。没有能力的人，取不足；没有领悟的人，舍不得。只有不断突破取舍，才能持续扩大格局。

所谓大格局，就是知取舍

人生是由格局决定的，而决定格局的关键就是知取舍。人生中，取是一种本事，舍是一门学问。没有能力的人，取不足；没有领悟的人，舍不得。只有不断突破取舍，才能持续扩大格局。用一句话概括就是：取舍定成败，格局定人生。

有人说，人生最高境界，做人最高智慧，不过是懂得取舍，学会选择。人来世上一遭什么也带不走，明白了人生只是一舍一得重复的过程，就会活得轻松自在。成功人士之所以取得巨大成功之后，还能谦卑待人处事，是因为他们比普通人更懂得——舍得。

的确，人生的起点是无法选择的，而起点和终点之间却充满了无数个可以选择的机会。人的命运都是自己选择的结果，睿智的选择让人生多姿多彩，明智的放弃为人生添彩。选择是掌控命运的人生方略，放下是得失转化的睿智变通。学会选择，懂得放下，才会有大格局。

国学大师翟鸿燊曾这样说过：“放下才能承担，舍弃才能获得……许多人没有智慧，就是当动不动，当止不止。关键时刻，一定要懂得刹自己的车。”大体意思是说，那些能担当大事的人，都是心胸宽广、勇于舍弃的人；而那些不懂得适时放下的人，都是心灵狭窄、爱斤斤计较的人，这样的人自然不容易成大事。

人的一生会面临很多次的选择。也许，只要一次判断的正确与否，就能决定我们的人生是灿烂辉煌，还是无所作为。有些人在面对选择的时候，总会选择最好的机会。洋洋自得的同时，他却没有注意到我们人生的根本原则：只有适合自己的才是最好的。

你是否会抱怨，世界不够大，施展个人才华的舞台也不够大？你是否想过，施展个人才华的舞台大小都源于我们的内心？有一句话："心有多大，我们的境界便有多高，我们的世界也便有多大。"要想成就梦想，只有扩大自己的心灵空间，舍弃过多的计较，才能获得最大的成功。

法国人从越南撤走以后，一个农夫和一个商人在街上寻找遗落的财物。他们发现了一大堆烧焦的羊毛，两个人就各分了一半背在自己身上。

在归途中，他们又发现了一些布匹。农夫将身上沉重的羊毛扔掉，选了一些自己扛得动的较好的布匹。商人却将农夫丢下的羊毛和剩余的布匹统统捡起来背在自己身上，重负使他气喘吁吁，步履维艰。走了没多远，他们又发现了一些银质的餐具。农夫将布匹扔掉，捡了些较好的银器背上，而商人却因为沉重的羊毛和布匹压得他无法弯腰而难以捡到农夫拾起剩下的银餐具。

后来，天降大雨，商人的羊毛和布匹被雨水淋湿了。他饥寒交迫地摔倒在泥泞中；而农夫却一身轻松地迎接着凉爽的雨回家了。他变卖了银餐具，生活过得很富足。

生活中太多的机会、太多的诱惑。许多时候得到就是失去，而失去也就是得到。我们要像那个农夫一样，只有懂得舍弃才能真正得到。

生活的烦恼源于不懂得如何选择。学会选择，你的心灵得到了洗涤，生活就会变得简单。人生的苦楚源于不舍得放下。懂得放下，人生才会得到解脱，快乐才会一生相伴。人要学会选择，选择自己该做的事，才不会委屈了自己。人要懂得放下，放下心中难舍的痛，才不会迷失了自我。

爱迪生小时候曾在火车上当报童，他一面卖报一面研究化学，有一次不慎失火被车长重重地扇了耳光，从此他的耳朵就罹患重听。这件事对于一般人可能悔恨终生，但爱迪生却能从中发现好处。有一次有位朋友跟他提起重听之事，他却说："重听有什么不好？它使我免于听见别人的闲言闲语。"

一个人能在不幸遭遇中发现其积极的一面而予以承担，那就是悟，就能免除许多怨愤和烦恼，爱迪生真不愧是一位能转烦恼为智慧的人。其实，在很多时候，我们所有的苦难与烦恼都是自己依靠过去生活中所得到"经验"做出的错误判断，这时我们不妨跳出来，换个角度看自己，你就能得到一种解脱和超越，从而获得自由自在的乐趣。

英国著名诗人雪莱说："如果你过分珍爱自己的羽毛，不使它受一点损伤，那么你将失去两只翅膀，永远不再能凌空飞翔。"的确，明智的人拥有一份成熟。只有学会了如何选择取舍，唯有放弃，才能跨越自我。

当我们看开了舍与得，就会发现对立的东西实际上是统一的，无论是何事物都会相生相克，舍与得亦是如此。生活中的舍与得无处不在，微妙的细节存在舍与得，每个人的心间、天地之间、万事万物皆存在舍与得，它们相辅相成，达到人类和谐统一的最高格局。

不过，在生活和工作中，我们总是不断地接受着诸多的考验——考验我们的坚韧，我们的胸怀。或许，我们不能做到"宰相肚里能撑船"，但是我们只需尝试放远眼光，换个角度，或许就会看到另一番美景。

所以，当我们面对上级无理要求的时候，当我们遭遇到形形色色的不公平待遇的时候，当我们面对无理的指责而无力反驳的时候，把眼光放远一些吧！不必为其伤感、厌恶、难过、悲伤，无须让这些情绪影响你的生活，要像绅士一样有宽广的胸怀，才能装得下大千世界。

有时候，固执地去坚持，会让你拥有曾经梦寐以求的东西。也有时候，选择放弃一些选项，才能看到柳暗花明的风景。关键是你的格局定位，懂得在选择中取舍，才能有所成长，有所跨越。

做自己情绪的主人

情绪是一个人的必要组成部分，只要是正常的人都会有情绪。情绪包括喜、怒、忧、思、悲、恐、惊等多种情感感受，存在于人类生活中的方方面面。情绪的功能是强大的，无论是在学习、工作还是生活上，情绪都扮演着非常重要的角色。

学会控制情绪对于一个人来说是极为重要的，甚至可以说，能否控制好自己的情绪决定了一个人的成败。情绪与个人的心理与言行是互为影响的。良好的情绪使人身心达到和谐，有利于身心健康。

能够控制自己情绪的人，会获得无限的力量。那些快乐的人，他们的共同点是能够很好地控制自己的情绪，从而使事情能够朝他们所预期的方面进展，即使遇到不可抗力的事，他们亦能摆正心态。

心理学家认为，有什么样的心情就有什么样的情绪反应。人们常说，人逢喜事精神爽。当你愉悦的时候，你的情绪是积极的。然而，人生中不如意的事常有，这些事必然导致消极情绪产生，诸如焦急、恐惧、愤怒、内疚等。许多人不善于处理、化解这些不良情绪，结果，自己被消极的情绪折磨得痛苦不堪。

在《三国演义》中，周瑜虽然才华出众、机智过人，但是他气量狭小，终被诸葛亮巧设计谋，断送了风华正茂的生命。在《儒林外史》中，范进中举的情景想必大家都十分难忘。范进多年考不中举人，直到他 50 多岁时，才终于听到自己“金榜题名”的消息，不禁“喜极而疯”。可见，过于强烈的情绪反应和持久性的消极情绪都会给人们带来危害。

无论在何时，一个人都不应该做情绪的奴隶，控制情绪而非使自己受制于情绪。因此不论处境有多么糟糕，你都应该做情绪的主人，支配你的行为，拯救自己于黑暗中。

我们不得不承认，人与人之间是有区别的，如出生、样貌、智力等，但成功的机会却是相等的，关键在于你是否能够把握机会。而要抓住机遇，扼住命运的喉咙，无疑需要挑战、战胜自己，做自己情绪的主人。

几乎每个人都在与坏情绪做抗争，因为它是生活的一部分，你越是回避，它就追得越紧。这迫使我们必须正面应对、掌控它，将它对我们工作、生活的消极影响降至很低。在生活中，每个人的情绪都会时好时坏，我们必须学会控制自己的情绪。凡是有所成就之人，共同点之一就是能够掌控自己的情绪，进而主宰自己的人生。

刘海霞是办公室秘书，经常要处理许多烦琐的书信文件，还要抄写和打字，工作又累又枯燥，她很不喜欢这份工作。后来她想："这是我的工作，单位对我也不错，我应该把这项工作搞得好一些。"于是她决定假装自己喜欢这项工作。后来，她发现如果假装喜欢自己的工作，那么真的就有点喜欢了，而且工作也有效率。由于工作得好，她被提升了。

可见，情绪所带来的力量是不可估量的。好的情绪会让你倍感幸运，工作、感情等亦会越来越顺。反之，不好的情绪像一颗不定时的炸弹，一旦被引爆将伤人伤己。只是，走出情绪阴影不是一件容易的事，这需要一个过程。在这个过程中，如果你能主动通过一些行为来改进自己处理情绪的能力，在控制情绪的同时，你将会获得快乐。

情绪是我们内心世界的窗口，也许你会因为明媚的阳光而心情愉悦，也许会为自己的不足而莫名忧伤。你想快乐还是忧愁，从某种意义上来说，这取决于自己对情绪的控制和调节能力。只有掌控自己的情绪，才能更好地掌控自己的人生。愿每个人都能做自己情绪的主人，把握好自己的心海罗盘，拥有大格局，把人生这幅长卷描绘得多姿多彩！

不要被现实击倒，学会坦然接受

人生路上，遭遇顺境和逆境属于过程中的必然，君子也好，小人也罢，都是人生有缘者，不想被现实击倒，就要学会坦然接受一切。接受现实是克服任何不幸的第一步，即使我们不接受命运的安排，也不能改变分毫事实，我们唯一能改变的只有自己。

荷兰阿姆斯特丹有一座15世纪的教堂遗迹，上面有这样一句让人过目不忘的题词："事必如此，别无选择。"的确，既然已经发生，我们就要学会释怀，学会坦然接受时，才能够得到内心的宁静，把所有发生过的一切当成是一种经验接受它，甚至去享受它，也许我们会有意外的收获，何乐而不为呢？

有一位40多岁的朋友在检查身体时，发现胸部长了一个恶性肿瘤。之前的一年，他承受了很多灾难：他的父亲中风、兄弟遇车祸去世。也许由于心理负担过重，因而影响了健康。

他曾自己问自己："为什么是我？但我知道，这时哀号无益，是我，就是轮到我。"于是，他坦然接受现实，接受治疗。医生在手术后告诉他："情况没有想象中的严重，不需要痛苦的化疗。"这让他非常高兴。

的确，与其怨天尤人，不如接受现实。正因为如此，这位朋友的心中充满阳光，他的世界才不再黑暗。可见，人生总会在接受现实后，有了新的起点，才会重新开始。

我们常常对未知的事物充满了恐惧，我们因某种缺陷而感到自卑，我们活在别人的光环下，我们不愿意面对陌生的环境，常常缩回触角活在自己的世界里。然而，这样并没有让我们感到安全，我们仍然会在某个瞬间感到莫名的恐慌，感到十分的无助。

其实，我们没有必要让自己生活的如此心惊胆战，对于每一个人来说，难以战胜的不过是他的心魔而已。任何时候，我们都应该给自己一个快乐的理由，而不是让自己掩面而泣。坦然面对生活赋予你的一切，你会发现，其实这一切并没有你想象的那么复杂。

很多人都听过“不要为打翻的牛奶而哭泣”的故事。它教会我们不要为打翻牛奶而哭泣，如果牛奶被打翻漏光了，就要接受这个事实，吸取教训，然后彻底把这件事情忘掉，不能让它成为生活中的烦恼。

人生有时很残酷，总是充满了变幻莫测的变数。如果它给我们带来了快乐，当然是很美好的，我们也很容易欣然接受。但事情往往并非如此，有时，它带给我们的是可怕的痛苦，如果这时我们不能学会接受它，反而让痛苦主宰了我们的心灵，那我们的生活就会永远地失去阳光。

莎士比亚曾经说过：“聪明的人永远不会坐在那里为了他们的损失而悲伤，却会很高兴地想办法来弥补他们的创伤。”说实话，那些在现实生活中能够把忧伤和不幸忘掉的并继续过快乐日子的人，真的很让人羡慕。他们能够真正面对不期而来的各种困难和厄运，坦然接受那些不理想的结果，并把注意力放在今后，快乐地去争取更美好的将来。

不得不说，苦乐都是自己的，没有谁能够替代。人生在世，不管发生什么，我们都要坦然面对，不要计较的太多，得失只在一线之间，用一种平和的心态面对人生，面对生活，你会发现释怀会带给你不一样的美丽和洒脱！

总之，大千世界无奇不有，芸芸众生命运不同，大浪淘沙之后，剩下那些拥有大格局的人，施展人生的大作为。只有懂得格局定成败，取舍定人生，才能活得更豁达洒脱，获得人生更高的境界，达到人生的巅峰！决定人生成败、左右人生命运的是每个人都具有的——格局！拥有格局的人，才能拥有自己的世界，格局决定了世界的大小！

心中洒满阳光，世界就不会黑暗

每个人都期待着自己的路一马平川，周围是鸟语花香，天空是白云朵朵。然而，蜿蜒曲折是人生路的常态。现实总是难以和理想接轨，总会有一点阴霾，有一点黑暗夹杂其中，甚至铺天盖地，无处躲避。

其实，可怕的不是黑暗本身，而是面对黑暗时，极度匮乏阳光的心灵的"缴械投降"，不再相信这个世界上还有阳光，不再相信有很多的阳光与希望同在。世界欠你一个如意的人生，而你也欠世界一份坚强和热爱。

你若心中有阳光，看世界美丽动人，看人间平和喜乐，看家庭知足美满，看朋友真情对待。遇机会，知把握，勇敢向前；遇到困境，不抱怨；受人恩惠，知回报。不过，红尘俗世，只有少数人心中有阳光，大多数人放不下人世的爱恨情仇，放不下人间的功名利禄。顺境时，得意自满，忘其所以；失意时，怀忧丧志，怨天尤人。在名利的驱使下，心魔滋生。

其实，只要心中能留下阳光的指纹，周围纵使是无边的黑暗与寒冷，你的世界也会明媚而温暖。

生活就是如此，不论你是寸步难行，还是一跃千里；不论你是一无所有，还是无所不有；不论你是一贫如洗，还是万贯家财；不论你是衣褴简陋，还是富丽堂皇……它都是平等的。它平等地给予每个人同等的阳光。同在一片蓝天下，人们可以享受同样的"财富"，那"财富"便是你心灵的"阳光"。

著名女作家冰心说：人的一生应该像一朵花，不论男人和女人，花有色、香、味，人有才、情、趣。三者缺一不可。是的，如果我们握素笔，阅墨卷，听尘嚣，悟禅音，那么吃粗茶淡饭也一定别有一番香甜浓郁，穿布衣粗裤也一定别有一番时尚潮流，住竹楼茅舍也一定别有一番闲致野趣。人有了才、情、趣，无论与他人同行还是独自行走，一路上总会有暗香随行，无论在何种境遇里，都能把日子过得活色生香，有滋有味。

人生旅途不可能一帆风顺，既然人生给我们诸多考验，那我们就要亦步亦趋、随之锻炼。有些伤痛我们只能默默背负；有些烦忧我们只能自我化解，走过了冬天才能迎接百花盛开的春天。

人生的走向，往往在一念之间。一念之间，一个人世界将发生翻天覆地的变化。心若亮了，世界也亮了；心若塌了，世界也暗了。

在博兴县寨郝村有一位双目失明的年轻小伙，靠自己的努力不仅读完了大学，而且自主创业，奉献社会，始终坚持在自己的梦想路上。

1999 年，年仅 12 岁的泥洪凯因为放鞭炮炸伤了双眼，导致双目失明，从此，泥洪凯转学到盲校读书，老师和同学的帮助让他渐渐走出了黑暗的深渊。在盲校里，泥洪凯系统地学习了中医按摩针灸并考上了大学。5 年的大学生活，让泥洪凯学到了更扎实的医学技能，而每天与同学在一起交流也让他的心态渐渐平和。

2012 年，泥洪凯大学毕业回到寨郝村，父母帮助他开了一个按摩店。虽说刚开始的时候困难重重，但他靠着自己的毅力，一点一点地摸索前行。他精湛的医学知识、专业的治疗手法，在得到顾客称赞的同时，也让他找到了自我的人生价值。如今，泥洪凯每年都会有几万元的收入，他不仅完全自食其力，而且能够贴补家用，减轻父母的生活压力。

泥洪凯说，“我要努力做到让父母放心、安心，这是我觉得我这一生最主要的事情。以后努力地发展，让更多跟我有相同经历的或者说有需求的残疾人，让他们能够学到一技之长，能够自食其力。”

上帝给泥洪凯关闭了一扇门，但同时也为他打开了一扇窗，他用自己的努力和付出，让这面心灵的窗户更加通透明亮，并让自己的人生洒满阳光。

在阳光下生活，就会多一份温暖；在花丛中起舞，就会多一份妩媚；在春风里行走，就会多一份灿烂。阅尽世事，就会幡然明白，即便身处逆境，也选择不消沉、不颓废，在淡然平和中享受属于自己的幸福。

生活就是一面镜子，它笑，是因为我们对着它笑；它哭，是因为我们对着它哭。倘若你的心中充满缤纷的色彩和阳光的气息，世界也是风和日丽的。只要有一颗光明的心，世界就不会被黑暗所笼罩。让心中充满阳光，让自己，也让别人，与阳光同行！

任月阴晴圆缺，任季风来来去去，将记忆串成风铃，让其叮当、悠扬在生命的每一个路口。那无憾的人生，才是美丽精彩的人生。留一缕阳光在心中，世界会亮在眼前。那时，我们就会发现，生活其实很美好。

换个角度，换份心情

人生如海，潮起潮落，既有春风得意、高潮迭起的快乐，又有万念俱灰、惆怅莫名的凄苦。如果把人生的旅途描绘成图，那一定是高低起伏的曲线，它可比呆板的直线丰富多了。很多人处于生命低谷时一味地抱怨、苦恼，长期沉溺其中不能自拔，终日被泪水和无奈的情绪包围。其实，抱怨、折磨自己没有任何用处，只能徒增自己的痛苦，让自己坠落得更深、更惨罢了！

西方有一句谚语说得很好："纵声欢唱的人会把灾祸和不幸吓走。"也就是说，面对灾祸和不幸，我们要乐观。如果能够换个角度看问题，生活也就充满了希望和快乐。然而我们大多数人往往不能够看到生活中积极和光明的一面，生活也因此暗淡无光。所以凡事学会换个角度看问题，就会得到意想不到的成功。

一家儿童玩具店购进许多新奇玩具，把它们很讲究地摆放在柜台里。出乎意料的是，儿童们来到商店却全然不顾，选择去附近其他玩具店买。

后来老板发现了问题：原来，大人容易看到的地方，对于小孩子来说，却是一个死角。于是，店老板一面用膝盖在地板上行走、观测，一面按照小孩子的视线高度，把玩具重新摆放一遍。而后，这家儿童玩具店的生意便空前地兴隆起来。

可见，观察事物的角度，确实是一个十分重要的课题。同是这座庐山，"横看成岭侧成峰，远近高低各不同"。

有一个女孩躲在公园的长椅上伤心地哭泣，她最心爱的男友抛下她决然离去。仅仅为了一个和他相识还不到一个月的女人，他居然放弃了他们坚守了 3 年的爱情，女孩感觉自己的心像是被生生地撕成了两半。

一个好心人停下脚步，他耐心地听完女孩的哭诉，慈爱地对女孩说："亲爱的孩子，你不过是损失了一个不爱你的人，而他损失的是一个爱他的人，他的损失比你大，你恨他做什么，不甘心的人应该是他呀。"

可见，我们的喜怒哀乐会因为思考角度的不同而有很大的出入。生活中，不管发生什么事情，换一个角度去思考，尽量为自己找一个快乐的理由，我们应该尽量去笑，而不是哭。

也许，我们背负的东西太多，不得不放弃最简单的世界，把生活弄得太过复杂，也不过是自己给了自己累赘而已。回归自己吧，就像罗兰曾说过的那样："各人有各人理想的乐园，有自己所乐于安享的世界，朝自己所乐于追求的方向去追求，就是你一生的道路，不必抱怨环境，也无须艳羡别人。"

一群兴致勃勃的人在登山的路上，遇到了从山上下来的满身疲惫的人。于是，登山的人问下山的人："怎么样？山上有什么好玩的吗？"下山的人有些满脸失望地说："没有，什么也没有，只是一座破庙……"当然，还有一些下山的人说："山上的风景很不错，登高望远，远处风景无限！"如果你是登山的，听到这些话，你是停滞不前、满心失望还是继续攀登？

这时，你要学会换个角度看问题，每个人对同样的事物可能有不同的看法，要给自己一个微笑，给自己一次机会，自己爬上去看个究竟，你就会发现，你看到的风景虽然跟别人看到的风景是一样的，但感觉并不一样。

契诃夫说："要是火柴在你的口袋里燃烧起来，那你应该高兴，多亏你的口袋不是火药桶。要是你的手指扎了根刺，那你应该高兴，多亏这根刺不是扎在你的眼睛里。要是你的妻子对你变了心，那你应该高兴，多亏她背叛的是你，而不是你的国家。"的确，经常换一种方式思考生活，才会使你变得更加睿智。从不同的角度看问题，当然就会产生不同的想法。选择一个有利于自身发展的角度看问题，会起到积极的作用。

拥有大格局的人，遇事会审视自己，会换个角度看待问题，不会把责任推给他人，敢担当、敢挑战、敢面对。能把握布局，重于审局，选中适合自己的领域，气定神闲运筹帷幄。

的确，换个角度去看问题，换种思维去对待身边的事物，生活不就需要我们这种思维转换吗？像沙漠中的一眼清泉，冬天里的一缕阳光，黑夜里的一丝光明，都会给你更多的惊喜。冬天在此，春天还会远吗？

只要我们怀着一颗乐观的心去观察生活，就不难发现，生活展现给我们的并不是我们感觉的那么糟糕，那么阴霾，那么没有希望。天空中洒下的都是上帝慈爱的目光，空气中弥漫的都是希望甘甜的味道。

不要和自己过不去

有人说："生容易，活容易，真正的生活不容易。"的确，生活中有太多的无奈。有说不尽、道不完的烦愁，也有不期而遇的苦难……所有的一切都让我们备受折磨，觉得世界不是那么鲜亮。

人的苦恼，不在于获得多少、拥有多少，而是想得到更多。但一个人的能力是有限的，如果你想得到超过能力之外的，那简直就是折磨自己，跟自己较劲、过不去。

有时候，静下心来仔细想想，生活中的许多事情并不是你的能力不强，恰恰是因为你的愿望不切实际。我们期望的未必能够获得，我们能获得的却未必是所期望的。虽然很残酷，然而这就是真实的生活。

我们经常羡慕别人光鲜华丽的外表，而对自己的欠缺耿耿于怀。我们总是拿别人的错误惩罚自己。我们习惯于背负者沉重的包袱前进，任其累垮身体……要想善待自己，就要有大格局，别和自己过不去。

有一个傻子出门旅行，走在路上浑身疲乏，口渴难耐。他到处找水，忽然看见一个木筒中流出了清澈的泉水。傻子大喜赶紧跑上去，对着木筒狂饮一通。

水喝够了，他感到神清气爽便对着木筒说："我已经喝够了，水不用再流出来了。"水显然不听他的指挥，依然从木筒里流出来。傻子大怒："叫你别流，为什么还要流出来？"

旁边有个人看见，骂道："你真傻，喝够了就赶紧走，水流不流关你什么事呢？"那人说完后把他拉走了。

水喝够了，解了渴，该干什么就干什么去，水流不流何必要去操心呢？物来则应，过去不留，才是最高境界，何苦要自寻烦恼呢？

世间任何事情都有一个限度，超过了这个限度，好多事情都可能是极其荒谬的。我们应时常肯定自己，尽力发展我们能够发展的东西，剩下的就安心地交给老天。只要尽心尽力，心中就会保存一份悠然自得，从而也不会再跟自己过不去。我们也能问心无愧地说："我已经尽了最大的努力。"那么，你此生就真正的无憾了！

生活本身不可能事事遂人所愿，人生也不是理想的化身，虽然我们也辛勤耕耘，但总有一些东西我们一生都不可能得到。

我们与其不停地抱怨，自怨自艾，闷闷不乐，郁郁寡欢，或迁怒于人，倒不如放下一切不良的情绪，反躬自省，调整心态，振奋精神，完善自己。与其一厢情愿地久久眺望远方的海市蜃楼，不如踏踏实实收获身边的每一份真实。

为了熊掌，我们可以放下鱼；为了事业的成功，我们可以放下逍遥娱乐；为了纯真的爱情，我们可以放下金钱；为了庄严的真理，我们可以放下利禄乃至生命。我们应保留生命中最有价值、最有必要、最纯粹的部分，而放下那些牵挂与累赘。

在这个世界上，有许多事情是我们难以预料的。我们不能控制际遇，却可以掌握自己；我们无法预知未来，却可以把握现在；我们不知道自己的生命到底有多长，但我们可以安排当下的生活。

所以，凡事别跟自己过不去，要知道每个人都有缺陷，世界上没有完美的人。这样想不是为自己开脱，而是使心灵不会被挤压得不堪重负，永远保持对生活的美好认识和执着追求。只要不跟自己过不去，我们就会看到天空的蔚蓝，感受到阳光的温暖；就会闻到芳草的馨香，听到动人的音乐；就能找回自己，找回快乐。

幸福其实很简单

“我真是太不幸了，辛辛苦苦地读了这么多年书，到头来却连份儿合自己心意的好工作都找不到。”“房价在涨、油价在涨、物业费在涨、儿子的学费在涨、老婆的抱怨在涨，什么都在涨，可就是工资不涨。家庭对于我来说，不再是幸福的港湾，而是一个沉重的负担。”

当你愁容满面地因为纠结不清的人际关系、比上不足比下有余的生活状态、不温不火的事业、剪不断理还乱的情感、口袋里入不敷出的钞票、永远都无法满足的欲望和追求而抱怨人生的灰暗时，你有没有想过，与别人相比，其实你是一个很幸运的人。

在每个人的人生道路上，都有一个共同的目标——追求并得到幸福。无数人曾经问过这样一个简单而又显得比较复杂的问题：幸福是什么？对于不同的人来说，幸福的含义也许是不同的。有的人苦苦追求了一生的幸福，却仍然没有得到幸福，但他还是很快乐，觉得自己已经拥有了另一种幸福；有的人明明已经拥有了幸福，却未发现它，直到失去它才知道幸福是多么来之不易。

其实，一个人总在仰望和羡慕着别人的幸福，却发现自己正被别人仰望和羡慕着。幸福这座山，原本就没有顶、没有头。不要站在旁边羡慕他人幸福，其实幸福一直都在你身边。只要你还有生命，还有能创造奇迹的双手，你就没有理由当过客、做旁观者，更没有理由抱怨生活。

幸福是什么？笑星范伟有过这样一段精彩的道白：“幸福就是饥饿时看见别人手里拿着包子，他就比我幸福；寒冷时看见别人穿着棉袄，他就比我幸福；悲伤时看见别人在微笑，他就比我幸福！”这几句简单的幽默，说明幸福与金钱没有必然联系。幸福是自己内心的感觉，而不是别人的评论。真正的幸福和悲哀，只有自己才懂，每个人的幸福含义都不会相同。宝马香车，富贵荣华就一定幸福吗？竹篱茅舍、小几清茶、短笛长箫，和你的最爱相视一笑，谁又能说不是人生的幸福和快乐呢？然后终于明白了幸福其实就是一种感觉，你感觉到了便是拥有了。珍惜拥有，便是幸福。

早晨，很多人在街边早点摊就餐，一位胖胖的大嫂一边炸油条，一边哼着小曲，一副高兴的表情。有人不禁问：“大嫂，你怎么那么高兴？”大嫂回答：“风吹不着，雨淋不着，靠早晨炸油条，生活比过去好，怎么不高兴？”

幸福不是拥有多少，而是看重拥有的，看淡无法拥有的。如果刻意追逐无法拥有的，你就会忽视本身已经拥有的，包括爱着你的人，以及你身后留下的那些脚印。幸福原本很简单，只因我们过于较真，过于渴望得到不属于自己的东西，才让生活中充满烦恼。当你站在烦恼中仰望幸福时，幸福已被你踩在脚下。

有人说，幸福是拥有一个美好的家庭；有人说，幸福是一生平安；有人说，幸福是衣食无忧；有人说，幸福是一辈子健康；也有人说，幸福是每一天都快乐……幸福是人们追求的基本价值，幸福就在平凡中，只要你善于发现，善于体会，你会发现幸福其实很简单。

幸福不是悬挂在高高的天花板上，而是悄悄地隐藏在生活的角落里。节日里的一句问候，是幸福；生日里的一声祝福，是幸福；生病时的一句慰问，是幸福；夜晚妈妈悄悄地为你掖被子，也是幸福；幸福其实很简单，也许一次对话、一声问候都可以给人带来幸福的感觉，幸福无处不在！

只有懂得追求幸福的人，才有可能在脚步中快乐的前行。即便前方布满荆棘，即使前方曲曲折折，即使前方电闪雷鸣，也不会止住他们追求幸福的心。因为他们心中有幸福，所以就不会觉得磨难、挫折、风雨的狠心了。只有心中有幸福，才有可能品味幸福，幸福就在我们的眼前，它够不到也摸不着，但它一直就存在我们的身边。

不要死要面子活受罪

人们讲面子讲了几千年，几乎所有人都将面子像宝贝一样放在手心捧着，绞尽脑汁维持着。讳疾忌医、邯郸学步、沐猴而冠、夜郎自大……面子究竟给人们带来了什么？一个字——累！多少人不是为自己而活，而是在为一种叫作面子的东西活着。然而假装的强大、拷贝的面具，早晚都有被拆穿的时候。伪装久了，就会忘了自己的身份。

李嘉诚说过："当你放下面子赚钱的时候，说明你已经懂事了。当你用钱赚回面子的时候，说明你已经成功了。当你用面子可以赚钱的时候，说明你已经是人物了。当你还停留在那里喝酒、吹牛，啥也不懂还装懂，只爱所谓的面子的时候，说明你这辈子也就这样了。"

成功之路原本艰辛，何必再给自己套上面子的枷锁负重而行，放下面子是一种智慧的选择。放下的是面子，舍弃的是心灵重负，得到的是幸福。学会放下面子，真正解放心灵，求得成功。

生活中，总有一些爱慕虚荣的人为了面子而自己给自己找罪受。有些人越是没钱，越爱装阔；与人谈天，总要有意无意与别人说一些自己吃过的大餐、去过的高级场所。仔细想想，要这虚荣有何用呢？不过是自己给自己找罪受。不可否认，面子在某种程度上关系着一个人的尊严，但如果不分时间、场合地死要面子，就背离了尊严的真实含义，变成了人生的负累，生活只会变得越来越糟。

2004 年 3 月 19 日，有着"世界蛇王"之称的博利恩让在位于泰国首都曼谷的住所内进行耍蛇表演。博利恩让把一条条令人毛骨悚然的眼镜蛇从竹筒里倒出来，但有一条蛇却不听博利恩让的命令，躲在竹筒里不出来。博利恩让不想在众目睽睽之下丢面子，便驱赶那条蛇出来。那条蛇虽然很不情愿，但还是在博利恩让的反复“威逼”下不得不出来。

当博利恩指挥眼镜蛇表演时，突然，那条不听话的蛇实施了“报复”，在博利恩让的胳膊上猛咬一口，然后迅速逃离。很多人劝博利恩让立即停止表演，赶紧去医院治疗。虽然博利恩让感觉胳膊剧痛，额头上的汗珠不断滚落，但他却谢绝了大家的好意，强装出什么事也没有的样子继续表演。

因为中了蛇毒，博利恩让原本从容、利落的动作逐渐变得迟缓、凌乱，全身大汗淋漓。大家都劝他停止表演，赶紧接受治疗。但已经感觉头晕目眩、呼吸困难的博利恩让仍然强撑着。接下来，博利恩让的情况越来越糟，但他依然不肯中断表演。最终大家心照不宣地纷纷离开，好让博利恩让保住面子抓紧时间治疗。观众刚离开，博利恩让便昏倒在地。还没等到达医院，博利恩让的心脏便停止了跳动。

就这样，博利恩让顾及颜面为保全“蛇王”从无失误的名声，耽搁了宝贵的救命时间，年仅 32 岁的他因为过于爱面子而命丧蛇口。

人瘦并不可怕，可怕的是把自己的脸打肿了来冒充胖子。但很多人将“面子”上升到不容侵犯的地位，认为丢了面子就是丢了一切，甘心任由“面子”摆布，做面子的奴隶。

三国里的袁绍不采纳麾下谋士的意见，一意孤行，全军覆没，造成了“官渡之战”的惨败；刘备急于给关羽、张飞报仇，不顾诸葛亮、赵云等人的劝阻，贸然进攻东吴，结果被陆逊“火烧连营七百里”，铩羽而归。虽然左右成败的有很多因素，但是能够正确听取别人的意见是至关重要的一步，而这其中面子或多或少也占了一定的成分。

其实，人生有很多重要的事情要做，唯独不包括争面子。我们生来不是为了与他人攀比，而是为了证明自己的价值，完善自己的人生。人应该为自己而活，而不是整天都活在别人的眼睛和嘴巴里，所以千万别让面子害了你，更不能因为面子就丢失了自我，丢了做人的尊严和硬气。

有时，里子比面子更重要。成功之路原本艰辛，何必再给自己套上面子的枷锁负重而行，放下面子，舍弃心灵重负，才能得到幸福。

第六章

内存：优化知识结构，充实大格局的内在支撑力

知识是精神养料，它可以丰富人们的思想；知识是一种涵养，它可以提高人们的品质；知识是开启未知世界的钥匙，是充实大格局的内在支撑力。所以，我们要用有限的时间去吸取更多的养料，来丰富我们的精神世界。

知识与技能远比蓄财重要

在竞争日趋激烈、知识不断更新加快、科技发展日新月异的今天，对新知识的学习就更显得十分重要了。因此一辈子都要在学习中度过是强者做人的重要法则。无论一个人平时怎样忙碌，但总有很多的光阴是虚度或者浪费掉的，而这些虚度的光阴假设能善于利用，是一定能生出大益处来的。

有一个青年，他经常坐火车、轮船旅行远方。每次在船车中，他总是随身带一些读物，他利用别人很容易浪费掉的零星时间读书，积累知识以求进步。通过这样日积月累，他掌握了更多的知识，包括历史、文学、科学等。后来，这个年轻人应聘一所大学的讲师，他凭着自己丰富与广博的学识被学校录取了。后来他对朋友说，多亏几年的读书。

平时不用功，临危抱佛脚，这种学习态度要不得。不论你工作多忙，在工作之余或睡觉前，你完全可以腾出 10 分钟读书。读书使人增加知识，勤奋读书的人，比起那些有天赋但不读书的人更有修养，取得成功的几率更高。如果你有一种孜孜不倦以求进步的精神，你就会超越别人，超越那些不读书天赋比你高的人。

人的一生其实就是学习的一生，我们所遇到的人，所遇到的事物，所得到的经验都是人生大学的教师。只是有的主动学习，有的被动学习，这也正是先进与落后最直观的体现与最根本的原因。不凡之士与庸常之辈的最大区别，并不在于他的天赋和如何付出，而在于有无明确的人生目标，只有勇于挑战人生，才能拥有成功的希望。

福特少年时，曾经在一家机械商店里当店员，周薪只有两美元。他自幼好学，尤其对机械方面的书籍更是着迷。因此，他每星期都花两元3分钱买来书，孜孜不倦地研读，从未间断。当他和布兰都小姐结婚时，除了一大堆五花八门的机械杂志和书籍外，其他值钱的东西一无所有，但他已拥有了比金钱更宝贵、更有价值的机械知识。几年后，福特的父亲给他一块土地和一栋房屋。如果他未研读机械方面的杂志书籍，终其一生，也许只是一个平凡的农夫而已。已经具有丰富机械知识，胸怀大志的福特，朝向他向往已久的机械世界迈进。此时，从书本上得来的知识，助他开创出一番大事业。后来，福特曾说："积蓄金钱虽好，但对年轻人而言，学得将来经营所必需的知识与技能，远比蓄财来得重要。"

在竞争如此激烈的当今时代，如果你没有一个强烈的学习意识和竞争意识，是不可能在竞争中获胜的。人生在世，竞争无处不在，无处不有，也无法回避，唯一要做的就是投身到这场激烈的竞争当中去，任何企图逃避竞争的想法都是有害无益的，若想欣赏远山的美景，至少得爬上山顶。

你必须要为目标付出努力，如果你只空怀大志，而不愿为理想的实现付出辛勤的劳动，那理想永远是空中楼阁。只有把目标和行动有机地结合起来，才有可能成为一个成功之人，目标与行动是改变人生的砝码。一个人不管做什么事，有什么条件，生处什么样的环境，只要专心致志，勤奋刻苦，好学多问，坚持不懈，脚踏实地做下去，自然会有功成名就的一天。

求知是成功的第一步

苏格拉底说过："世界上只有一样东西是珍宝，那就是知识；世界上只有一样东西是罪恶，那就是无知。"这是对知识的一种评价。也有人说："口袋里有钱不如脑袋里有知识。"这是对知识的认可，同时也说明知识的重要性。所以我们要求知，要成为一个有作为的人。

"书山有路勤为径，学海无涯苦作舟。"当代科学技术日新月异，要生存、要发展、要满足时代的需求，必须接受教育。勤于学习，更新知识，提升能力。"吾生也有涯，而知也无涯"，这是庄子的名言。其实，这些名言都是告诉世人要珍惜时间，珍惜生命，树立终身学习的理念，因为求知永远在路上。

《两小儿辩日》是《列子·汤问》记载的一个故事：春秋时期，孔子游历途中，遇到两个小孩子为太阳离地球（地面）远近问题而争论，不能判断是否而被两小儿嘲讽"孰为汝多知乎？"故事告诉人们：连孔子也有不知道的事，学无止境。

人的才能不是天生的，是靠坚持不懈的努力，靠勤奋换来的。

《教父》的主演、当代好莱坞最伟大的性格演员之一阿尔·帕西诺，4岁的时候，只要一看电影，他就模仿电影中的某些情节或某些银幕角色的声音。后来，他立志投身于表演。

功夫不负有心人，一部《教父》让他成名。成名后，阿尔·帕西诺并没有为了赚钱去拍容易塑造角色的电影，而是选择了反映现实的电影作品。不幸的是，他主演了一部被认为有史以来最糟糕的电影之一的《怒火山河》被迫息影，重返戏剧舞台。

虽然遭遇了挫折，但他没有气馁，没有怀疑自己所选的方向，而是默默地努力。经过一段自我流放，1992 年，他终于凭《闻香识女人》中饰演的盲人角色而在奥斯卡封帝。阿尔·帕西诺找到了自己的路，他对自己的未来是有规划的，为了学习表演，他发奋考上了著名的演员培训机构，系统学习表演技巧。在后来的表演中，勤奋地摸索、学习，最终树立起自己的表演特色，奠定了在电影史上的重要地位。

不得不说，知识是精神养料，它可以丰富人们的思想；知识是一种涵养，它可以提高人们的品质；知识是前进的动力，是开启未知世界的钥匙。所以我们要用有限的时间去吸取更多的养料，来丰富我们的精神世界。

《钢铁是怎样炼成人》的主人公保尔·柯察金说："人最宝贵的是生命，生命属于我们只有一次，人的一生应当这样度过的：当他回忆往事的时候，他不会因为虚度年华而悔恨，也不会因为碌碌无为而羞愧。当他临死的时候，他能够说：我的整个生命和全部精力，都献给了世界上最壮丽的事业——为解放全人类而斗争。"

电视剧《康熙王朝》的主题歌中那句"真的多想再活五百年"只不过是人的幻想而已，人的生命是短暂的，知识的海洋是浩瀚无边，求知是没有终点的旅行，求知是成功的第一步。

我们要坚持求学的道路，不管受多少的苦、多少的伤也无所谓，或许就如罗曼·罗兰所说的那样，累累的创伤就是生命给你最好的东西，因为在每个人创伤上面都标志着前进的一步。生活体现了知识的重要性，而知识又是在生活中产生的，知识和生活是分不开的，所以我们要成为一个有知识的人，用知识来丰富我们的世界。

活到老，学到老

不论你处在什么年龄段，学习都同样重要。要知道，没有一本万利的知识。未来社会的竞争，必将逐渐从人才竞争转向学习能力的竞争。我们应该树立终身学习的全新理念，真正实现自我完善、自我超越。真正实现与时俱进，跟上时代发展的步伐。

正所谓：吾生也有涯，而知也无涯。尤其在当今这个时代，世界在飞速发展，知识更新的速度日益加快。人们应对千变万化的世界，就务必发奋做到活到老、学到老，要有终身领悟的态度。一个人如果不及时更新自我的知识，很快就会进入所谓的“知识半衰期”，很快就会被淘汰。

因此，在信息技术高度发达的知识经济时代，人类只有把学校教育延长为终身的领悟才能适应社会发展的要求。终身领悟，讲的是人生命都要领悟。从幼年、少年、青年、中年直至老年，领悟将伴随人的整个生活历程并影响人生命的发展。简言之，就是活到老，学到老。

晋平公是春秋末期晋国的君主，在晚年的时候，他总觉得自己所掌握的知识实在是太有限了，想再学一些知识，可是总觉得自己老了，再谈学习有些力不从心。

有一天，他向乐师师旷求教说：“我现在已经70多岁了，很想学些知识，恐怕有些晚了吧？”

博学多智的师旷回答道：“既然晚了，为什么不点蜡烛呢？”

晋平公没有听懂他的话，生气地说：“哪有为臣的这样戏弄君王？你胆子也太大了吧。”

师旷解释道：“我怎么敢跟您开玩笑呢？我曾听人说过：少年时爱好学习，就像日出的光芒；壮年时爱好学习，就像太阳升到天空时那样明亮；到老年时还能爱好学习，就像点燃蜡烛发出的光亮。蜡烛的亮光虽然微弱，但同没有烛光在昏暗中愚昧地行动相比较，哪一个更好一些呢？”

晋平公听后恍然大悟，连连点头道：“你说得真好，我明白了。”

的确，知识就是力量。只要你坚持不懈地学习，你就知道得越多，你就越有力量。不学习就没有进步，就难以取得辉煌的成绩。人就是在不断的学习中发展和壮大起来的。

人类在漫长的发展过程中积累了大量的精神财富，即使是精通某一方面，也需要长时间的学习。从自身来讲，学习也是对精神的充实。在学习的过程中，我们会思考，在思考的过程中，人性会得到升华。在我们短暂的一生中，需要突显自己的价值。年轻时，学是为了理想，为了安定；中年时，学是为了补充，补充空洞的心灵；老年时，学则是一种意境，慢慢品味，自乐其中。

中国古代哲人荀子早就说过：“学不可以已。”人如果停止学习，就会退步。从人的自我发展和自我实现来说，一旦停止学习，也就到头了。其实，我们多数人还在如何适应生存，如何才能发展自己的问题上思考着学习的重要性。如果停止学习，你就要落伍，就要被时代淘汰，你的生存就会受到威胁，就谈不上发展，更谈不上自我实现。

未来社会的竞争，必将会从今天的人才竞争转向学习能力的竞争。我们每个人都应该树立终身学习的全新理念，并做到在学习中工作，在工作中学习。但很多人会找借口说：“我已经太老了，学不动了。”或者说：“我有一大家子人等着我去养活，哪有时间去学习？”这实际上是一种托辞。这是一种得过且过、苟且偷安、贪图享受、安于现状、不图进取的心理在作怪，是在给自己找一个体面的借口罢了。

其实，人生是一个本我、自我、超我的过程。你只有不断地学习，才能达到最高的人生境界。

爱上阅读，养成良好的阅读习惯

生活中没有书籍，就好像大地没有阳光；智慧中没有书籍，就好像鸟儿没有翅膀。知识是人类进步的阶梯，阅读则是了解人生和获取知识的重要手段和最好途径。

读书是一种享受，“读一本好书，就像交了一个益友。”我们要多读书：读经典美文，可以陶冶我们的情操，提高素养、完善人格；读幽默趣文，可以使我们的性格开朗；读脑筋急转弯，可以活跃我们的思维；读关于大自然的书，可以使我们开阔眼界和胸襟；读医疗方面的书，让我们懂得如何自救；读关于安全预防的书，可以让我们安然应对灾难的来临……

美国著名心理学家威廉·詹姆斯说：“播下一个行动，收获一种习惯；播下一种习惯，收获一种性格；播下一种性格，收获一种命运。”养成一个良好的读书习惯，对于人的一生非常重要，会使一个人终生受益。

古人云：“读万卷书，行万里路。”爱上阅读，养成良好的阅读习惯，有助于你形成良好的品格和健全的人格。那些主人公具有美好品格的书籍，那些富有人文精神的书籍，很容易在阅读者的内心引起强烈震荡。比如读鲁迅的书，会被鲁迅“我以我血荐轩辕”的赤子之心打动；读李白的诗，会被李白“安能摧眉折腰事权贵”的傲骨打动；读《钢铁是怎样炼成的》，会被主人公保尔不向命运屈服的钢铁般的意志所折服……这些向上的精神会对人格起到升华的作用，并可以促使一个人形成良好的道德品格和健全的人格。

读书能够祛除内心的浮躁，让一颗心沉浸在文字宁静的世界里，给心灵以慰藉和滋润。还能祛除内心的空虚，让一颗心在知识的海洋中渐渐丰盈、充实起来。所以，读书人不会感到无奈和茫然，因为有书为伴。也不会感到孤独和寂寞，因为有书为伴。

我们需要与时俱进，就需要不断地学习。不断地学习与我们的良好阅读习惯有极大的关联，良好的阅读习惯需要在坚持不懈中反复练习而成。因此，我们应该从点点滴滴做起，养成良好的阅读习惯，不断积累，才能收获更多，看得更远。

1. 经常看书

好习惯的养成需要坚持，一定要有看书的习惯，一天不看书心里就会觉得不踏实，每天看书就会每天有收获。当然，如果之前没有常看书的习惯也没关系，心理学研究显示，一件事只要坚持 21 天就会养成个人习惯。

2. 保证读书时间

读书贵在坚持，让阅读成为一种生活方式，是一个长期的过程，不能松一天紧一天读一天歇一天。如果每天都坚持读一段时间的书，哪怕只有 10 分钟，日积月累也是一个惊人的数字。

3. 营造读书氛围。

读书需要有一个良好的氛围，如此才能保证心情愉悦、注意力集中地读书。所谓书香门第多才子，一个最重要的原因就是有一个好的读书氛围。

4. 学与思相结合

“学而不思则罔，思而不学则殆”。读书要做到宋儒所言的“虚心涵泳，切记体察”的地步。如果找到一本书就读，随心所欲地读下去，自己的大脑则成为他人思想的跑马场，甚至是垃圾场。我们在阅读时需要伴随有积极的思维活动。一边读书一边思考，才会有良好的阅读效果，在边读边思考的过程中，会逐渐地理解许多问题，并不断地显示出个人的聪明才智。

5. 不动笔墨不读书

鲁迅先生说，读书要眼到、口到、心到、手到、脑到。这里要特别强调的是动手。动手有二：一是摘抄摘录重要的内容、段落；二是撰写读书报告，自己总结所读书的主要内容，然后进行评论。

总之，我们可以用培根的一句话来概括读书的好处："读史使人明智，读诗使人聪慧，演算使人精密，哲理使人深刻，道德使人高尚，逻辑修辞使人善辩。"一个人想学有所成，一个重要的法宝就是养成阅读的好习惯。

多一门技艺，就会多一条出路

成功和劳动是成正比的，有一分劳动就有一分收获，日积月累，从少到多，就可以创造出奇迹。学习是一个人对这个神奇世界不断认识的一个过程。我们只有不断地去认识其所在，才能适应其所处，进而使自己能够得到生存的必要条件。

在一个漆黑的晚上，老鼠首领带领着小老鼠外出觅食。在一家人的厨房里有一个垃圾桶，里面有很多剩余的饭菜。对于老鼠来说，这就好像人类发现了宝藏一样。

正当一大群老鼠在垃圾桶及附近范围准备大吃一顿时，突然传来了一阵令它们胆战心惊的声音，那是一只大花猫的叫声。危险在步步逼近，逃命要紧。于是，老鼠们开始四处逃散，寻找安全地带。但大花猫毫不留情，穷追不舍，有两只小老鼠因为走避不及，被大花猫捉到了。

眼看这两只小老鼠就要被吃掉了，在这千钧一发之际，突然传来一连串凶恶的狗吠声，令大花猫手足无措，狼狈逃命。大花猫走后，老鼠首领从垃圾桶后面走出来说：“我早就对你们说过，多学一种语言有利无害，这次我就用这个技能救了你们一命。”

可见，多一门技艺，就会多一条路。

苏联著名作家高尔基曾说：“如果不想在世界上虚度一生，那就要学习一辈子。”的确，知识改变命运，学习创造未来。我们掌握的技艺越多，将来就越能取得让人羡慕的成绩。

在日常生活和工作中，往往有时比别人多一门技艺就能解决一些大问题，甚至有时会给自己带来好运。

小王学的是机械制造专业，被分配到某机械制造厂工作，由于这个厂机械人才较多，他毕业已 6 年，但一直在车间做技术员工作，没有晋升的机会。

有一次，厂里来了外宾，要求厂里派英文翻译，厂长花高价在外事办请一位翻译，但他对机械制造知道的较少，总是出差错。正好小王负责整理资料，因为他英语口语非常好，又懂专业，情急之下，他就主动用英语解释一些问题，外宾向小王提出很多问题，小王都一一做了解答，外宾高兴地竖起大拇指。因为小王给厂里解决了谈判的大问题，后来小王不仅加薪了，职位也得到了提升。

一个真正成功的人，即使每天工作再多再累，也绝不埋怨，并且还能腾出时间进修。这也正是他们成功的秘诀之一，因为他们相信知识的力量是无穷的。无论你学了多少知识，它都会累积在你的脑中，成为你自己的东西，永远不会消失！

不断地学习是强者应具备的素质，也是严格要求自己的一种体现。我们要不断地用知识充实自己，将知识转化为前进的动力，使自己永不落伍。

提高注意力进行有效的学习

在正常情况下，注意力使我们的心理活动朝向某一事物，有选择地接受某些信息，而抑制其他活动和其他信息，并集中全部的心理能量用于所指向的事物。因而，良好的注意力会提高我们工作与学习的效率。

很多时候，我们都不能集中注意力，造成这种情况的原因比较复杂，许多较严重的心理障碍都可以引起注意力障碍。另外，睡眠不足使大脑得不到充分休息，也可能出现注意力不集中的情况。因此，当我们不能集中注意力学习或工作时，不妨采用下面的方法来矫治：

1. 建立明确的目标系统

没有目标，人就不会努力，因为我们不知道为什么要努力，就更谈不上把注意力集中到某一方面了。同时我们也失去了注意的目标，就像在大海中的航船，如果迷失了方向，就不知道朝什么方向航行了，即使加油又有什么用呢？充分认识自己做某件事情的意义和目的，是调动自己的注意力、取得成功的重要条件，所以想要提高注意力，首先就必须建立明确的目标。

2. 养成良好的睡眠习惯

有些人喜欢熬夜，结果早晨不能按时起床，即便勉强起来，头脑也是昏沉沉的，一整天都打不起精神，有的甚至在上班时伏桌睡觉。如果你是“夜猫子”型的，奉劝你学学“百灵鸟”，按时睡觉按时起床，养足精神，提高白天的学习或工作效率。

3. 培养学习兴趣。

美国科学家爱因斯坦有句至理名言：“兴趣是最好的老师。”古人也教导人们："知之者不如好之者，好知者不如乐之者。"所以说，兴趣是学习的"原动力"。兴趣和注意有密切的关系，是培养注意力的一个重要心理条件。心理学研究表明，对于有兴趣的事情，容易引起注意。可以说兴趣是我们最好的老师，也是力量的源泉。

4. 创造一个安静的环境

人都是听觉动物，尤其是听觉比较灵敏的人，一旦周围有任何风吹草动都会引起他的注意，从而分散注意力。因此，在学习和工作中保持一个安静的环境十分重要，这样就没有外界因素作为干扰，注意力自然而然就会提高。

5. 学会自我减压

生活的重负使我们变得疲惫、紧张和烦躁，心理上难得片刻宁静。因此，我们要学会自我减压。一分耕耘，一分收获，只要我们平日努力了、付出了，必然会有好的回报，又何必让忧虑占据心头，去自寻烦恼呢？

6. 感官结合

当人在长时间重复同样的动作的时候就会产生疲劳，进而分散注意力。例如一直读书或者一直写字，读着读着就会觉得越来越无聊、没意思，从而没有再读下去的欲望，这是因为疲劳所致。既然重复会疲劳，那么我们可以交替来做。例如读书读累了，我们可以换写字，写字写累了，我们可以换读书，当然也可以调动我们所有的感官，让它们都动起来，这样我们就不会产生疲劳，进而会提高我们的注意力。

7. 做些放松训练

舒适地坐在椅子上或躺在床上，然后向身体的各部位传递休息的信息。先从左脚开始，使脚部肌肉绷紧，然后松弛，同时暗示它休息。随后命令脚脖子、小腿、膝盖、大腿，一直到躯干部休息，之后，再从脚到躯干，然后从左右手放松到躯干。这时，再从躯干开始到颈部、到头部、脸部全部放松。这种放松训练的技术会使你在短短的几分钟内，达到轻松、平静的状态。

人没有点儿技能是不行的

美国加州的蒙特雷镇曾发生了一场鹈鹕危机。蒙特雷是鹈鹕的天堂，可那一年鹈鹕的数量却骤然减少，生物学家担心出现了禽鸟瘟疫，环境学家认为海水污染已经超过极限，一时间人心惶惶。

科学家们最后发现原因是镇上新建的钓饵加工厂。以往，蒙特雷的渔民在海边收拾鱼虾时，总是把鱼内脏扔给鹈鹕吃。久而久之，鹈鹕变得又肥又懒，完全依赖渔民的施舍过活。后来蒙特雷镇建起了一座加工厂，从渔民那里收购鱼内脏，作为原料生产钓饵。自从鱼内脏有了商业价值，鹈鹕们的免费午餐就没有了。

过惯了饭来张口的日子，鹈鹕仍然日复一日地等在渔船附近，期盼食物能从天而降，结果，它们变得又瘦又弱，很多都饿死了。世世代代靠别人养活的蒙特雷鹈鹕已经丧失了捕鱼的本能！

如果过惯了养尊处优的生活，很容易变得懒惰，失去理想和追求，我们的生活也就失去了意义。所以，在竞争激烈的现代社会，我们要想生存就要树立起学习终身制的习惯，争取一专多能，多元化发展。一是为了谋生，适应这个社会；二是为了充实自己。

过去有句话叫作“空面袋子在哪也立不起来”。意思是说，人没有点儿技能是不行的。现在还有一句话“一个人总得有两下子，一下子是不行了”。为什么不行了呢？就是因为社会发展了，科技进步了。

有一位私立学校的老师，在单位又兼任会计，她的教学业务和会计业务能力都是说得过去的，工作以后，一直未放下学习，还参加了注册会计师考试，这几年她也发表过许多“豆腐块”。后来，她所在的学校招生形势很差，学校关门了。当她去找工作时，因为性别原因、年龄原因等，没有找到合适的工作。于是她索性拿起笔在家做个清贫的自由撰稿人，从而也为自己闯出一条路。

随着市场经济的发展，产业结构的调整和经济体制改革的深化，传统的“从一而终”的就业观念，正受到越来越大的挑战。仅仅守着“干一行，爱一行”的观念是不够的，只有“精一行、会两行、懂三行”的复合型人才，才是市场上的“抢手货”。

当企业经营出现困难时，高素质、多技能的员工则容易跳槽成功，享受高薪；而只有单一技能的职工的就业率就低得多。只要浑身“修炼”得“十八般武艺”，任何变化你都能泰然处之。“艺多不压身”，正如一句广告词所说：有实力才有魅力。

不得不说，人最重要的是要锻炼自己的能力：锻炼自己确定目标的能力，锻炼自己的竞争能力，锻炼自己的技术能力，锻炼自己与人打交道的能力，锻炼自己的心理和生理承受能力，能为了一个目标去拼命地奋斗，直到取得成功。有了这些能力，哪怕有一天你走入非洲丛林之中，也会变成一群猴子或大猩猩的头领。如果没有这些能力，即使把你放到社会的最上层，你也会被别人一脚踹下来，摔得粉身碎骨。

总之，人在年轻的时候应该多学点东西，这样才有生活的更好的资本，才能在这个社会站住脚。

真才实学比学历更重要

当今社会，有着本科、硕士、博士头衔的人比比皆是，然而真正堪称成功者的却屈指可数。究其原因，我们不难发现，这些成功人士身上的共同点就是他们有着常人所不具备的能力。

学历不是成功的必备条件，能力才是精彩人生的先决条件。文凭只是一张纸，一个人的学历只能证明过去的经历。也许好的学历会在某个时间点给你一个机会，可在人生的道路上，真正推动一个人发展的往往是其能力的大小。

企业挑选人才，肯定是要考虑学历的，因为它决定了公司整体的知识结构和素质水平，但这并不是唯一的参考标准。企业招聘时，按照优先顺序分别会考虑：是否适合企业文化、个人品行、能力和学历。显然学历因素只占了四分之一，并且排在能力之后。

学历仅能说明一个人具有某一学习经历或者说具有某一专业系统知识的可能性，它并不能完全代表一个人在具体岗位上的能力。很多人凭借耀眼的学历得到了一份好的工作，但是却在工作能力上止步不前，最终难逃失业的命运。

汽车大王亨利·福特曾经说过这么一句话："越好的技术人员，越不敢活用知识。"从某种意义上说，学历反映了一个人的层次和高度，没有一个恰当的学历，你再强的能力也往往不被人所发现。而没有相应的工作经历和足够的能力，再高的学历最终仍逃脱不掉被社会淘汰的命运。所以，真才实学是走向成功的敲门砖，那种仅仅靠一张徒有虚名的文凭，只能是摆摆花架子罢了，是难以适应社会发展的。

美国第16任总统林肯，小时候家里一贫如洗，因此也没有上过什么学，但他确是美国乃至世界上最优秀的总统之一，他那“应该把慈善之心广布于天下”的悲天悯人的情怀，比金子都可贵。

南北战争期间，数不尽的母亲、妻子和情人啼哭着到他的面前，为判死刑的囚犯申请特赦。林肯不论身体多么疲乏，总是随时听他们的哭诉，答应他们的请求。因为他看不得女人哭，尤其是那些手中抱着婴儿的妇女。如此善良，如此菩萨心肠，其价值远不是什么这个“凭”那个“凭”可与之相比的。所以，我们对待学历与能力的态度应该是，重学历不惟学历，能力为第一，这才是正确的态度。

高尔基曾说：“社会是一所最好的大学。”社会这所大学很务实，能给你实用的知识，也能给你鲜活的资料，如果你真的需要，它什么都可以给你提供。在生活实践里学到的东西远比课本里的东西丰富得多，主要看你是否真的对学习有强烈的欲望。如果没有，即使将你放在一流学府里，你学到的东西也是很肤浅的。

在实践中和现实生活里都有学之不尽的东西，我们只要有一个积极的态度，就能够在任何情况下，获得我们需要的知识和才能，更重要的是还应从生活里汲取知识的精华而补充自己的不足，从而走向人生的成功。

有人说：过去的时代是资本时代，由资本决定社会的发展；而现在则是知本时代，知识就是资本。知识经济时代，就需要我们改变观念，掌握真正的知识。有知识才能创造财富，走向成功。如果你学不到真正的知识，就等于失去了社会的生存竞争力。

平凡而又默默无闻的我们，究竟该如何改变自己的命运呢？答案是让自己成为一个有能力的人。因为有能力，即使出身低微，仍然会有破茧成蝶的那一天；因为有能力，纵然一时失意，依旧可以迎来风雨后的阳光。有了能力，就有了命运一半的主动权！

第七章

眼光：规划人生，你的理想蓝图有多大

我们或许都是小人物，但这并不妨碍我们用大眼光、大格局去看待和包容周遭的一切事物。超越无谓的烦琐与狭隘，避免让生命受困于一事、一物、一人。我们要试着把自己的格局放大，最大限度地体味人生，实现自己的价值。

放宽眼界，拼出自己的精彩人生

你也许有这样的体验，当你一个人身处隧道之中，你的视野就会被限制在隧道之内，眼睛里所能看到的空间只和隧道一样大，所以身处隧道之人常常误以为隧道外面的天地无非也就这么大，这就是心理学上的隧道视野效应。可见，一个人常常容易被自己的环境所局限，常常会因此而变得目光狭隘，没有办法看到更远、更宽广的世界。

古人云："操千曲而后晓声，观千剑而后识器。"当每个人都想着如何提高自身能力，想着如何成为能力最强的那个人时，不妨冷静地想一想，其实自己最需要的是超出常人的眼光，是开阔的眼界。因为一个人的眼界决定了一个人的境界，站得高才能望得远，格局也比较大，会从长远角度为自己的人生做计划，而不会在意眼前的得与失。

眼界高的人目光比较长远，正视自身价值，不盲目随从，自己有主见。这样的人格局大，能够成为在纷扰的尘世中的理性的人。眼界决定格局。所以，想要拥有幸福，一定要眼界高格局大。若想提升眼界格局，就要有主见，做到世事洞明，人情练达。

曾看过这么一个寓言故事：在炎热的太阳底下，一个园丁正挥汗如雨地打理着公园里如茵的草坪，那些刚在草坪里长出来的小树苗们纷纷抗议："在地球上我们的作用非常重要。有了我们，就不会有水土流失；有了我们，沙漠也能变成绿洲；有了我们，才会有广阔的大森林……"树苗们十分委屈，要求园丁立即停止拔除树苗的行为。园丁听了它们的抗议后说："这里没有水土流失，也不是沙漠、森林，这里是公园里的草坪！”园丁继续他的劳作，直到把草坪里的树苗全部拔掉。

草坪里的这些树苗之所以被园丁拔除，是因为它们没有找准自己的定位：草坪里没有设置树苗的岗位，而树苗们却长在草坪里！所以，要改变草坪里的树苗的际遇，就要重新寻找自己的安身之所、用武之地，就要找准自己的定位并不断努力，才能拼出一个精彩人生。

有人说，人生是一盘棋，下棋的是自己。自己的人生靠自己来摆渡，走什么样的路完全取决于自己。如果把人生比作一只船，自己就是舵手，把生命之舟驶向哪里，除了自己，谁都无法决定。如果你有前进方向、有目标、有理想，让信念作为灯塔，定能到达彼岸。如果你唯唯诺诺，没有勇气，面对一望无际的生命之海不敢涉足，不能摆正自己的位置，就无法拼出一个出彩的人生。

所以，一个人的成功不完全取决于你开始时有多好的条件，而是取决于你是否找到了一个适合你的定位，是否能持之以恒，十年如一日为之奋斗。当然，话又说回来，有时候认清自己比盲目努力更重要：什么是自己的优势，什么是自己能够实现的目标……只有那些正确认识自己的人，才能在正确的位置上做正确的事，才能趋强避弱，在人生的道路上越走越顺。

清代状元张謇，不听别人的谗言，不受世俗的控制，毅然选择辞官经商，开创了中国第一所纺织专业学校，也开创了中国纺织高等教育之先河。假如当初他选择了宦达官升，他的道路只会随清朝的灭亡而终止。正因为他摆正自己的位置，实业救国，才让中国的纺织业有了翻天覆地的变化。

英雄不一定要使国家有很大的改变，也不一定要救多少人民，摆正自己的位置，为别人付出一份力量，也是英雄。

摆正位置，找准定位，是一种境界，也是一种胸怀，只有能摆正自己位置的人，才是受欢迎的人。不得不说，世间万物都有属于自己的位置，找到适合自己的归所，才能亮出色彩，展出光芒。当然，一个人只有明白自己真正的需要，才能摆正位置，找准定位。

物理学家阿基米德说：“只要给我一个支点，我便可以撬起整个地球。”他所说的“支点”和“人生定位”以及“核心竞争力”有异曲同工之妙。我们每个人的生活质量和生活内容都是不同的，况且我们每个人都有区别于他人的潜力和特质。特别在现实生活中我们每个人都要学会善于挖掘和发挥自己，扬长避短。

吴晗和钱钟书在考取北京大学时，他们的数学成绩都很低，但是他们根据自己的长处和优点，在社会科学领域中最大限度地发挥了自己的优点和长处，后来他们一个成为历史学家，另一个称得上是学贯中西的学者作家。

特蕾莎修女在接受诺贝尔和平奖时曾经这样说，“我今天来到这里，是为了天下的穷人来领这个奖。这个奖不属于我，而是对天底下所有贫穷的承认。耶稣说，我饿，我冷，我无家可归。我来这里为穷人服务，我就是要为他们服务。”她当年若留在家乡，只是学校中一位虔诚的修女。然而当她来到印度，她的世界也从此发生改变。她找到了自己人生的意义，找准了自己人生应有的定位，从此这世界上的许多地方便开出了真善之花。

不得不说，当每个人都想着如何提高自身能力，想着如何成为能力最强的那个人时，不妨冷静地想一想，其实自己最需要的是超出常人的眼光，是开阔的眼界，只有比别人看得更远更宽广，我们才更容易获得成功。所以我们每个人不能将自己局限在某个狭小的空间里，也不能将自己局限在当前，要积极地拓展自己的视野。

不管你出身如何，相貌如何，学历如何，只要你能选定一个自己认为恰当的位置，并且沿着一个方向，坚定一个信念，勇敢地走下去，成功就近在咫尺。也只有这样，你的生命和生活才会有收获、有意义，好高骛远，三天打鱼，两天晒网，必将一事无成。所以，无论什么时候，我们都要先想一想，自己在什么位置上，放宽眼界，才能拼出自己的出彩人生。

去你梦想的方向，过你想过的生活

如果你去问你身边的某个人，问他对于自己的现状是否满意，我想你得到的大部分答案都是否定的。一个人要获得成功必须要付出努力，然而很多时候我们也付出了很多的努力却并没有获得期望的成功，这里有一个方向的问题。

刘易斯·卡罗尔的作品《爱丽丝漫游奇境记》中有这样一段对话：

“请你告诉我，我该走哪条路？”

“那要看你想去哪里？”猫说。

“去哪儿无所谓。”爱丽丝说。

“那么走哪条路也就无所谓了。”猫说。

这个对话很简单，却耐人寻味。当一个人没有明确的目标的时候，自己不知道该怎么做，别人也无法帮助你。人生重要的不是站在什么位置，而是朝着什么方向努力。如果方向不正确，越努力，结果离目标越远。所以不同的选择成就不一样的人生。我们今天做了一个正确的选择，努力去坚持就会出现明日的辉煌；而今天一个错误的选择，不断地努力，却只能使你错得更加离谱。

其实，没有钱、没有经验、没有阅历、没有社会关系，这些都不可怕。没有钱，可以通过辛勤劳动去赚；没有经验，可以通过实践操作去总结；没有阅历，可以一步一步去积累；没有社会关系，可以一点一点地去编织。但是，没有梦想、没有思路、没有方向才是最可怕的，让人感到恐惧，很想逃避！

人必须有一个正确的方向。无论你多么意气风发，无论你是多么足智多谋，无论你花费了多大的心血，如果没有一个明确的方向，就会过得很茫然，渐渐就丧失了斗志，忘却了最初的梦想，就会走弯路甚至走上不归路，枉费了自己的聪明才智，误了自己的青春年华。

有一个年轻人向一位成功的大企业家诉苦：“先生，我一直很努力，可是为什么不能成功呢？”大企业家看了他一眼，缓缓地说道：“努力没用，要往对的方向努力才有用！”是的，去你梦想的方向，过你想过的生活。理想的人生不过是勇于追求自己的内心，做自己喜欢做的事，成为自己想成为的人，按照自己喜欢的方式去过自己想要的生活。

荷马史诗《奥德赛》中有一句至理名言：“没有比漫无目的地徘徊更令人无法忍受的了。”

说明人必须有一个正确的方向。

辉煌的人生在很大程度上取决于人生的方向，个人的幸福生活也离不开方向的指引。确立人生的方向是人一生中最值得认真去做的事情。你不仅需要自我反省、向别人请教“我是什么样的人”还需要很清楚地知道“我究竟需要什么”。包括想成就什么样的事业，要结交什么样的朋友，要培养和保留什么样的兴趣爱好，过一种什么样的生活……这些选择是相对独立的，却又是相互关联、彼此呼应的，从而共同形成了人生的方向。有了明确的方向，让本来“毫无意义的人生”有一个非常鲜明的意义。这个意义，就会在人生的旅程中减少生命的颓废和空虚，带来愉快和欢欣。

人生是属于自己的，坚持还是改变都应该自己来决定。选择人生的方向时，问问自己的心，决定了就勇敢地向前走，别害怕路上会有什么样的困难，比起待在原地不动，大胆地走自己的路更能接近幸福。大多数人在匆匆赶路的时候，不考虑方向的问题，结果去了一些根本不值得去的地方。没有了方向，努力就失去了意义，要记住，方向永远比努力更重要。

规划人生，你的理想蓝图有多大

“谁能挡住你？是别人，还是自己？如果你知道你要去哪儿，全世界都会为你让路。”这是运动品牌贵人鸟的广告语，它饱含智慧，人生成败的奥秘在只言片语之间就被诠释得清晰透彻。跟着这句广告语而来的还有一句话：“如果你不知道你要去哪儿，那通常你哪都去不了。”

有一句话说得很好，人生的成功幸福与否在于自己的规划和设计。我们或许都是小人物，但这并不妨碍我们用大眼光、大格局去看待和包容周遭的一切事物。超越无谓的烦琐与狭隘，避免让生命受困于一事、一物、一人。让我们试着把自己的格局放大，最大限度地体味人生，实现自己的价值。把格局装在心中，无论我们正经历灿极一时的辉煌，还是痛彻心扉的低谷，请记住，眼前不会是永远。

美好的理想和愿望是每个人都有的，但是说到人生的具体目标的时候似乎显得若隐若现的很多人对于人生的目标仅仅只是一种感觉，而没有明确地勾画出来，没有明确地表达出来，一直是出于一种很模糊的状态。

确定目标是人生发展的关键，有效的职业生涯设计需要切实可行的目标，用坚定的目标来排除那些不必要的犹豫和干扰，才能全心全意致力于目标的实现。这个目标就是我们行动的方向，没有方向的引导，人就很容易在原地转圈或者迷路。

哈佛大学曾经做了一个关于目标对人生影响的跟踪调查。对象是一群智力、学历、环境等各方面都差不多的人。调查结果显示：27% 的人没有目标，60% 的人有较模糊的目标，10% 的人有清晰而短期的目标，只有 3% 的人有清晰而长期的目标。25 年的跟踪结果显示：3% 的人几乎都成为了社会各界的顶尖人士，10% 的人生活在社会的中上层，60% 的人几乎都生活在社会的中下层，27% 的人几乎都生活在社会的最底层。

可见，目标对人生有着巨大的导向性作用。你选择什么样的目标就会有什么样的成就，有什么样的人生。

戴尔·卡耐基说："人生的精彩来自于梦想的精彩。"当你有了人生目标的时候，你要保证这个目标至少在你本人看来是伟大的。人生因梦想而伟大，没有伟大的梦想，精彩的人生也只能是空谈。目标使我们产生事前谋划、把握现在的力量，当你有了伟大的人生目标，你才会有伟大成就，才能获得超越自己能力的东西，你的人生才会精彩辉煌。

年轻的时候，我们总以为属于自己的时间很多，世界都是自己的，其实人生不过白驹过隙，转瞬即逝。那么，我们该如何规划自己的人生呢？

对自己做一个深入地了解。越早明白自己的兴趣、爱好及性格特点，优劣势越好。利用各种工具，如霍兰德、MBTI、九型人格等体系对自己进行测试，这样才能早一天明确自己的人生方向与目标。

1. 对自己做一个深入地了解

越早明白自己的兴趣、爱好及性格特点，优劣势越好，就能越早找到自己奋斗的方向和目标，根据自己的当前形势及拥有的资源，做一个恰当的定位。并针对自己当前所自找环境及位置，找到适合自己的职业。

2. 脚踏实地去实现

想要不浪费生命，不至老来悔恨。首先要有个大方向。不一定崇高，务实也很好。年轻人切忌眼高手低，这山望着那山高，稳扎稳打一步步前行每天离目标近一点。

3. 制订计划

要多方咨询实现自己的目标要学习什么，要具备什么条件，然后制订切实可行的计划，包括长远计划，中长期计划，短期目标与计划。针对自己的当前定位及职场的要求，找出当前所存在的差距，制定出实际目标要采取的行动计划。

4. 不断调整目标

目标不是一成不变的，也许当时定高了需要调整才能更容易实现，也许定低了还可以更高一些，都需要按照实际予以调整。

5. 行动及措施

为了实现自己的人生目标，需要为将来打下扎实的基础。如在大学阶段，先学好基本知识，掌握学习方法；如已进入职场，则要按计划进行学习，行动。达成一个小目标后，向下一个目标进发，一年上一个台阶，最终实现大的目标。

多努力，才会有收获

在人生路上，既有春风得意、马蹄萧萧、高潮迭起的快乐，又有万念俱灰、惆怅莫名的凄苦。在竞争日趋激烈的社会中，每一个人都在追求着自己的梦想。但是，有多少人在纷繁复杂的人生道路中，遇到挫折、失败而选择了坚持呢？

其实，许多的努力不是一下子就能看到成果，需要耐心和坚忍。坚持到底就是胜利。只要愿意付出坚持的代价，你终究可以享受到成功的甘甜。

不是第一，就要努力成为第一；即使你是第一，也要永远要求自己做得更好。要知道，山外有山，天外有天。如果你现在正在埋怨命运不眷顾，那就要记住：命，是失败者的借口；运，是成功者的谦词。努力才是人生的态度，唯有为清清楚楚的现在努力，才能完成人生的跨越。

从来没有怀才不遇这件事，不要害怕没有金钱、背景、学历……你的人生，需要花费 120% 的努力去经营！生命本来就是一场远行，苦苦追寻的答案，不在路的尽头，在路上。

提到路遥的《平凡的世界》，大家一定都比较熟悉，这本小说之所以好看，是因为它很真实。只要你用心看过这本小说，你一定会有这种感觉：喜剧不是一直搞笑，总夹杂着一些难辨的酸涩；悲剧悲的也不是那么彻底，柳暗花明总会有转机。

其实，绝大部分人的生活可以说是命运，其中幸与不幸不过是百分比的略微差异，放在寥廓的世界里，不过是细节难辨的琐屑。曾经付出多少努力想要成为不平凡的人，可是我们依旧平凡。把平凡的事做好，那就是不平凡。

有一个农民的儿子，从小就生活在经济拮据的困境中。在大学里，每年的学费和住宿费再加上生活费，对一个年收入不足2000块钱的家庭而言实在是难以为继。为了顺利完成学业，他决定用自己的双手来养活自己。

从大一开始，他就在外面做兼职。除了做促销，他还找了一份家教。每周星期二、星期三和星期五的晚上，他都要步行半个小时去做家教，做完家教回来经常是10点多。人虽然是辛苦点，但他却干得很有劲。转眼大二了，学习的压力比大一时重了很多，像以前一样外出打工已经不太可能。于是，他开始写稿，凭着60多篇文章的稿费，他应付了一学期2000多块钱的各项生活费用。由于刻苦学习，在大三开学时的综合评估中他获得了甲等单项奖学金，钱虽然不多，但足以缓解他沉重的经济压力。

三年大学生活悄然过去。有了这些奋斗的经历，他的求学路越走越宽，自己的能力也得到了更多的锻炼。如今，他已经大四了，学习和生活都很安定。边学习边打工的经历虽然辛苦，但他过得充实，这个农民的儿子通过自己不懈地努力开创了属于他自己的新生活。

困难其实不可怕，可怕的是逃避困难，只有战胜自己，才能打开胜利的大门。当下一次挑战来临的时候，别再躲躲闪闪，别再仓皇逃窜，要主动向它发起攻击。只要你肯相信自己，不断地努力付出，哪怕你现在的人生是从零开始，你都可以做得到。那些转错的弯，那些走错的路，那些流下的泪水，那些滴下的汗水，那些留下的伤痕，会让你成为独一无二的自己。

人生路很长，成长的步伐需要一步一个脚印，别人所能教给你的只是方法，而努力只有靠自己坚定的心。无论成功或失败，人的尊严和价值，都不能随便被其他人以某个标准来定义。

无论你走得多远，平凡人生就在那里。每个人面前都有一条未知的路，不管你走上了哪条岔路，你一定要相信，态度和性格最终还是会把你引到那条成功的路上，从现在就开始努力吧！

过什么样的人生是你自己决定的

曾经听过这样的说法：平庸的人有一条命：性命；优秀的人有两条命：性命和生命；卓越的人有三条命：性命、生命和使命。细细想来，这句话是概括出了人生的三种境界。

从出生的那一刻起，我们就拥有了属于自己的性命。无论生活得精彩、轰轰烈烈，还是落魄、黯然无光，等到你离开人世的时候，性命便就此终结，画上了句号。由于性命只有一次，所以每个人都视如珍宝。

平庸的人只是来世上走了一遭，徒有性命而已。每天都重复着昨天的故事，这样的人毕生都没能走出人生的第一境界。优秀的人则不同，既然来世上走一遭，就绝不能白活一回，一定要活得有滋有味、有声有色。因此，他们在珍惜性命的同时，更注意提高内在修养和生活质量，内修心灵，外修仪容，每一寸光阴都活得充实有尊严。显然，在做人的格调上，生命比性命更胜一筹，这是人生的第二境界。卓越的人，把自己的生命同国家、民族甚至整个人类的命运紧紧联系起来，赋予生命至高无上的责任，他们的肩上便有了沉甸甸的担当，这就是神圣的使命。这是人生的第三境界。

平庸的人，浑浑噩噩，虚度一生；优秀的人，挑战自我，超出常人；卓越的人，铁肩担道义，不同凡响。做什么样的人，全在于你自己的选择。

简单说，人生是一局落子无悔的棋；一场人喧鼓响的戏；一种波涛万重的海；虽然我们每一个人都是生活中的平凡过客，但是，人生航线是由你来掌舵的，要什么样的人生全看你自己。

一位刚刚大学毕业的青年人把电话打进电视台晚间节目热线，向嘉宾请教人生的真谛。嘉宾是一个很年轻的作家，所以面对嘉宾，青年人的口吻充满了羡慕之情，他说："你这么年轻就出了这么多书，应该很幸福、很成功了吧！可是我比你大，却什么都没有！我感到很苦恼、很悲哀，你能告诉我该怎么办吗？"

嘉宾沉默了一会儿，说："我不知道你现在的生活处于什么样的状态，但我想说的是成功并不等于幸福，而且每个人对成功的理解都不一样。我很年轻，我出了书，这些都是事实。可是你们只看到了我光辉的一面，其实，要什么样的人生全看你自己。"

的确，拯救自己的只能是自己，而不是别人，哪怕是菩萨再世、耶稣亲临，也不能帮助你摆脱窘境。做好自己，才能做好一切。

曾经读过这样一个故事。

乔治·道森一直是一个默默无闻的人，直到90岁时，他才猛然意识到自己的这一生都虚度了，他觉得他应该在这个世界上留下点儿什么。于是他随即进了扫盲班，开始识字读书，学习文化知识。后来，他爱上了写作，并孜孜不倦地朝着这个方向前进。

终于在102岁那年，他完成了自己的处女作《索古德的一生》。这本书刚刚上市，就引起了巨大的轰动，成为美国当时最畅销的书籍之一，乔治.道森也一下子从一个名不见经传的小人物成为了一个大作家。

所以说，一个人的命运完全掌握自己的手中，你想成为一个什么样的人，想过什么样的生活，由你自己来决定。

人生的道路总不可能一直那么平坦，不免有跌宕起伏。不可能永远甜美，酸甜苦辣五味交融的人生才是精彩的人生。年轻人必须肩负起生活的责任，也许你会感到生活的压力，也许这压力会越来越重，但在每一分重量增加的同时，你也会得到惊喜、安慰，亦或是悲伤、痛苦。其实，人生就是忽喜忽悲、苦乐参半，只有感受生活的变幻莫测，才能使我们的生活变得意义非凡。

你的时间价值百万

每一天，我们要做的事太多了，工作、学习、吃饭、睡觉，陪伴朋友、家人，还要休闲娱乐。在一件件具体的生活琐事面前，时间显得如此匮乏。虽然每个人得到的时间都是一样的，但是随着个人感觉和用法的不同，就会产生天差地别的结果。

在我们身边，一些人总是抱怨自己太忙了，他们感觉自己就像个陀螺一样，从未停下忙碌的脚步。然而，也有这样一些人，他们总是不慌不忙地工作，他们从不熬夜加班，也不周末“奋战”，他们感觉生活很惬意。

以上两种人，前者终有一天会忙得崩溃，后者则仍旧悠然自得，迎接更多成功的喜悦。

其实，你的时间价值百万，拒绝瞎忙，合理用好时间，才能成就不一样的人生。

不得不说，人的心力有限，不可能长期 24 小时全速运转，每一个当下多半也只能做一件事，你选择做 A，可能就会没有时间做 B，这是有意义的抉择。我们做事好不好，并不是看做了多少，而是看成果，看单位时间内是否有效地做事。这里，就涉及时间管理的问题。所谓时间管理，就是用技巧、技术和工具帮助人们在时间限期内完成工作，实现目标。

时间是世界上最充分的资源，每个人都拥有 24 小时的一天，然而时间又是世界上最稀缺的资源。这就要求我们必须懂得充分地利用每一分每一秒的时间。那么，我们该如何做好时间管理呢？

1. 树立明确的时间管理目标

成功等于目标，时间管理的目的是在最短时间内实现更多想要实现的目标。人生旅途上，没有目标就如同在黑暗中行走，不知该往何处。有目标才有方向，目标是前进的推动力，能够淋漓尽致地激发人的潜能。明确的目标对于构建成功人生至关重要。

2. 集中精力完成最重要的事情

有了目标后，就要制定完成目标的计划。集中精力做最重要的事情，意味着能迅速完成任务；而越能够集中时间、心力和资源，实际完成的任务就越多、越多元。

3. 合理安排工作时间

不要把日程安排得太满意外情况随时都有可能发生而占用时间，若日程太满就会穷于应付。因此，每天至少要为自己安排 1 小时的空闲时间，让工作和生活更加从容。同时学会分工合作的授权管理，能让别人代劳的事情，自己就不要做，学会运用别人的时间。

4. 今日事今日毕

习惯拖延时间是很多人在时间管理中经常会落入的陷阱。“等会再做”“明天再说”这种“明日复明日”的拖延循环会彻底粉碎制定好的全盘工作计划，并且对自信心产生极大的动摇。“今日事今日毕”体现的是一种强有力的执行力，这种执行力将指引你按照自己设计好的轨道走向成功的彼岸。

5. 把每天要做的事都列一个清单

在早上或是前一天晚上，把一天要做的事情列一个清单出来。这个清单包括公务和私事两类内容，把它们记录在纸上。当你做完记录上面所有事的时候，最好要再检查一遍。在完成工作后通过检查每一个项目，你体会到一种满足感。

6. 不要太执着于完美

你想把每一件事都做得完美无缺。但是，完美只能浪费时间。在适当的时候放手不是一件坏事。

7. 将大的目标转换成几个任务分别完成

你可以将每个目标分成几个步骤完成，并且给每个步骤制定时限。这样你就可以很快地实现目标。

8. 给每个步骤制定时限

工作时限很重要。如果一个工作任务下达时，上司没有给你规定时限，你自己也应该设定一个时限。它真的很实用，你将会为自己的高效率而惊奇。

总之，人生短暂，时间飞逝，没有时间意识的人，只会浪费更多的时间在毫无头绪的事情上。相反“磨刀不误砍柴工”，如果想调剂自己的生活，就必须学会善于利用时间，以最短的时间做更多的事，从而产生更多的效能。

有想法就大胆去做

一个人能够看到多远，往往就能走多远。很多时候，我们之所以无法取得成功，不是自己的能力比别人差，不是我们的专业能力不够强，而在于我们的眼界。如果我们目光短浅，那么我们就不会比别人走得更远，不会比别人做得更好。我们只有比别人看得更远更宽广，才更容易获得成功。

很多人都是在到了一定的位置之后才去想要做到的事情，这样常常会让自己赶不上发展，成为生活的被动者。一个有着大格局的人绝对不会被生活牵着鼻子走。所以，我们需要扩宽视野，学会用全局且发展的角度去看待问题，有想法就大胆去做，这样才能够更好地掌控自己的人生。

要知道人生的终极不在于你的想法大不大，而在于你做到的多不多。这个社会不乏踌躇满志的人，而是缺少把想法付诸行动的实践者。既然渴望成功，就必须做行动的巨人，而非空想的矮子。

在这个世界上，没有人能替你思考，没有人能替你行动，没有人能替你成功——唯有你自己。心动是成功的源泉，行动是成功的阶梯，心中所确立的目标越现实、越高远，行动越迅捷、越高效，最终所取得的成就便越大！

行动是一个敢于改变自我、拯救自我的标志，是一个人能力大小的证明。光心想、光会说都是虚的，不能看到一点实际的东西。美国著名成功学大师马克·杰弗逊说：“一次行动足以显示一个人的弱点和优点是什么，能够及时提醒此人找到人生的突破口。”毫无疑问，那些成大事者都是勤于行动和巧妙行动的大师。

人人都有很多好想法，但总是把很多好想法搁浅，让很多美好由此失之交臂。哪怕风儿如何和煦，环境如何得宜，总是拒绝生长，拒绝创造。因为虚有的顾忌，因为担心和恐惧，总是藏在自我的牢笼里，随遇而安，不起波澜。

人生历程不能全由自己来安排，但人生的道路却全靠自己一步一步地走。人生的旅途酸甜苦辣百味俱有，只有自己亲自尝过，才懂得什么是人生。

人的一生应该是自我奋斗、自我创造、自我自由，而不是自我沉默、自我沉沦、自我放弃。很多事情只需向前一步，再坚定再执着一点，就会发现其实没有什么。把怕字去掉，把担心抹去，让它不要干扰思想，纷乱情绪，果断地往前走。

那么，我们怎样才能培养自己果敢行事的能力呢?

1. 及时决断

俗话说："机不可失，时不再来。”果断的谋略总是在特定的时间和地点，特定的条件下才能保证成功。毫无疑问，决断是一种魄力，更是事业上成败的关键。学会决断，要善于把握时机，必须找出你所面临的最迫切的问题，并对此问题做出决定。学会了决断，也就理解了“失之东隅，收之桑榆”的妙谛。

2. 让立刻行动变为本能

比尔·盖茨说："想做的事情，立刻去做！当‘立刻去做’从潜意识中浮现时，立即付诸行动。”只有当你付诸行动后，才能得到意想不到的成效。若想有所成就，我们就要积极地行动，发挥自己的潜能，踏实地做事情——目标明确且持之以恒地去行动。

3. 想好了就不要犹豫

许多人因为患得患失、犹豫不决，错失了绝佳的机会，遗憾终生。鱼和熊掌不能兼得之时，我们必须当机立断、抓住时机、认准目标、马上出击。要知道，机遇稍纵即逝。倘若犹豫不决、患得患失，只会错失良机。凡是成大事者，都会在千钧一发的关键时刻，果断决策，勇敢前行。

总之，我们要善于发现机会，更要勇于把握机会，一定要做有果断型性格的人。否则，优柔寡断、缺乏一往无前的勇气，再好的机会也会与我们失之交臂。不管干什么事情，只停留在嘴上是不行的，关键要落实在行动上。有想法了，就要迅速做出决定，采取行动。

在追求成功的路上，我们不仅要有积极的心态、周密的计划、科学的方法，还要有切实的行动。因为只有行动才能把美丽的梦想、远大的目标，变成现实的辉煌，所以脚踏实地的行动，才是达到成功彼岸最大的原动力。

没有计划的人一定会被计划掉

每个人都要走自己的人生之路，人生之路该如何规划呢？很多人的心中并没有明确的目标。只是不假思索、匆忙选择，很着急地便上路了。只是很简单地在想，不管什么路，先上路再说，实在不行再换。但偏偏就不去花时间思考和规划一下自己该走什么样的路。如果我们选错了方向，走错了路，好的发展就会离我们远去。

那些眼界低的人目光比较短浅，一叶可障目，片云即遮天，小恩可涕零，小利即动心。这样的人格局小没见识，一生只能庸庸碌碌。而眼界高的人目光比较长远，正视自身价值，不盲目随从，自己有主见。这样的人格局大，能够在纷扰的尘世中理性识人，并且会为自己的选择而努力付出，积极打造和经营自己想要的生活。

有人说，人生是一场漫无目的的旅行，但在我看来，人生是一场有规划的修行。如果我们没有办法规划我们的人生，那么我们极容易在众多选择中失去方向。没有计划的人一定会被计划掉，只有走在有的放矢的人生道路上，人生的结局才能优雅完美。

不得不说，一个人的眼界决定了他的境界，站得高才能望得远，格局也比较大，才会从长远角度为自己的人生做计划。

“新东方”创始人之一徐小平曾经说过一句颇有哲理的话：“如果人生没有设计，你离挨饿只有三天。”话虽然有些夸张，但在竞争如此激烈的当今社会，“人生需要规划”已经是我们每一个人必须要面对的问题。没有计划的人往往会被规划掉，而用心规划的人生才更容易成功。

1944 年，在美国洛杉矶郊区，有一个没有见过大世面的 15 岁少年约翰·戈达德，他在“一生的志愿”表格上填写了127个人生目标。

这些目标包括：到尼罗河、亚马孙河和刚果河探险；登上珠穆朗玛峰、乞力马扎罗山和麦特荷思山；骑大象、骆驼、鸵鸟和野马；探访马可·波罗、亚历山大一世走过的道路；驾驶飞行器起飞降落；读完莎士比亚、柏拉图和亚里士多德的著作；写一本书……写完后，他给每个目标编号，并下定决心要一一完成这些生命志愿！

16岁，他和父亲到了乔治亚州的奥克费诺基大沼泽和佛罗里达州的艾佛格莱兹探险，完成了表上第一个项目；18岁的秋天，他踏着漫天落叶离开了自己的家乡；20岁时，他成为了一名空军驾驶员；21岁时，他已经旅行了21个国家；22岁，他在危地马拉的丛林深处发现了一座玛雅文化的古庙。同年，他成为了“洛杉矶探险家俱乐部”有史以来最年轻的成员……将近60岁时，他已经实现了106项目标。

这在一个普通人看来，简直就是一个奇迹。

“凡事预则立，不预则废。”只要有可能，我们还是应该对自己所走的路进行详细的规划，分清阶段，划分步骤，认真计划每一步应该怎样走，每一步用多少时间，每一步达到什么目标，尽量清晰明白。有哲人说，成功的人生需要正确的规划，你今天站在哪里并不重要，但是你下一步迈向哪里却很重要。

我们应该多考虑一下，对未来要有一个充分的规划和预期。每一步应该怎样走，心中都要有一个明确的计划。要知道，成功不是站在自信的一方，而是站在有计划的一方。成功人士的成功不在于他们有更好的运气和更多的机遇，而在于他们能有意识地思考、规划自己的人生，并能持之以恒，按照规划前行。

古罗马哲学家塞内卡有句名言：“如果我不知道要驶向哪个港口，就没有任何风向适合我。”我们只有做好规划，知道人生的目标时，才能把所有的力量和资源集中在这个方向上，才能创造像约翰·戈达德一样的奇迹。朋友们，开始设计自己的人生吧，制定一个最可行的计划，才能享受人生旅途中每一个幸福快乐的时刻！

起点低并不可怕，可怕的是境界低

芸芸众生，每个人的出身条件不一样，注定了人和人之间有差别。但这不是关键，关键是面对挫折时，你有什么样的心境。

成功人会这样想：我要好好利用，可能是上天赐给我、考验我的逆境，要努力、努力、再努力；行动、行动、再行动，我就能看到不远处“赢”的灯光。失败者会这样想：我该怎么办呢？我的人生怎么如此不顺利？为什么倒霉的事情会降临到我的头上？我不想活了！

失败者总是看事实的本身对自己的伤害；成功者则是看事情背后的机遇和教训。

古往今来，一帆风顺的人生，肯定不会造就出惊世之才。如果我们想要开拓出自己人生的宽阔大道，就要让每一个细胞都活跃在拼搏中，为之艰苦奋斗。我们只有足够拼搏，才能够让人生有更多的可能。

一个人起点低并不可怕，怕的是境界低。很多取得一定成就的人，在职业生涯初期都是从零开始。不要让过去成为现在的包袱，轻装上阵才能走得更远。人的心灵就像一个容器，时间长了里面难免会有沉渣，要时时清空心灵的沉渣，该放手时就放手，该忘记的要忘记。人生需要归零，要将过去清零，让自己重新开始。

北大才女刘媛媛是个出身贫寒的“90后”姑娘，她凭着自己的不懈努力，从一个高中成绩垫底的学生，成为北大的研究生。后来因为在《超级演说家》中的精彩表现，获得了《超级演说家》第二季的总冠军。

其实，我们大部分人都不是出身豪门，我们都要靠自己！所以你要相信：命运给你一个比别人低的起点是想告诉你，让你用你的一生去奋斗出一个绝地反击的故事。在最好的年纪，一定不要贪图享乐，要努力拼搏。敢于拼搏的人生如同一幅大气磅礴的水墨画，惊艳于世的同时，生命也变得厚重。

人们常说“爱拼才能赢”，的确，成功是拼出来的。在第二次世界大战战况最紧张的时候，丘吉尔对全英国人民广播说：“我从来没有说过战争是容易的！这场大战必须靠大家的冒险、血汗和拼命才能获胜！但是我向你们保证，我们一定会胜利的。”

在战场上，胜利是拼出来的；在生活中，成功也是拼出来的。我们要有忍受风吹雨打的抵抗力，才能让自己茁壮成长。那些生长在山脊上的树木，不知经过多少次暴风雪的洗礼，才长成坚实的树干。

在2000年世界花样滑冰比赛上，关颖珊发挥得一般，剩下最后一场比赛时，她的总积分只排在第3位。这与她平时的水平有差距，如果在最后一场比赛之中，她若是不夺得高分，那么就与冠军无缘了。

在这个关键的时刻，关颖珊决心放手一搏，在最后的自选曲项目，她选择了突破，而不是少出错。在4分钟的长曲中，她结合了最高难度的三周跳，并且还大胆地连跳了两次。她可能会败得很难看，然而她成功了。

她说：“因为我不想等到失败，才后悔自己还有潜力没有发挥。”

很多时候，我们不要在意自己的起点如何，不妨放手一搏。

在我们身边，想成功的人很多，但很多人认为自己的起点低，没有资格去拼一把，缺乏行动的勇气和面对困难继续坚持的毅力。因此，他们天天向旁人倾诉着自己无比远大的理想，却每天重复着自己一成不变的工作和工作态度。这是不对的，要知道，几乎每个成功人士的起点都很卑微，但卑微是可以改变的。只要不被暂时的磨难吓倒，勤奋努力、学好本领、积累经验、抓住时机，最终便能搭上成功的列车。

重塑自信，找回自我

每一个人都渴望成功，但不是每个人都能达成愿望。有的人很努力却总是离成功差一步之遥，就是因为他们的身上少了一样东西，那就是自信。

美国石油大王洛克菲勒说："自信能给你勇气，使你敢于向困难挑战；自信也能让你急中生智、化险为夷；自信更能使你赢得别人的信任，从而帮助你走向成功。"的确，自信给了我们前进的动力，一个人如果没有自信就意味着他不管做什么事都缺乏一种积极的态度，久而久之，即使是非常简单的事，他也做不好，这样一来，成功便和他擦肩而过。所以说，成功始于自信。

毛主席曾有诗云："自信人生二百年，会当水击三千里。"自信是事业成功的第一秘诀。梁启超也曾说过："凡任天下大事者，不可无自信心，每处一事，既看得透彻，自信得过，则以一往无前之勇气赴之，以百折不挠之耐力持之。虽千山万岳，一时崩溃而不以为意。虽怒涛惊澜，蓦然号于脚下，而不改其容。"毫无疑问，自信是人生有力的加油站，自信心对于一个人成就事业是非常重要的。

一个没有自信的人在任何情况下都不会成功。一个人的成功，关键是要坚信自己的判断，而不能迷信权威。

著名音乐家小泽征尔也是一位在自信中获得成功的典范。在一场国际音乐指挥大赛的决赛上，前两名选手在指挥过程中都出现了一小段不悦耳的演奏，但都认真地指挥过去了，还抱歉地向裁判席欠身微笑。小泽征尔是第三个，也是最后一个登上指挥台的。演奏十分顺利地进行着，跟前两位一样，他忽然看到乐谱上有一小段不和谐。他试着指挥，但最终停下来，问裁判席上的人是否弄错了，裁判冷眼相待："请继续演奏，这是最权威的乐谱！"小泽征尔又试着指挥，但又停了下来，说是乐谱搞错了。裁判警告他不可傲视权威，他却坚定地喊道："不！这一定是弄错了！"这时，裁判都站起来，热烈地鼓掌，恭喜小泽征尔获得了大奖。

面对"权威"，小泽征尔用自信质疑，最终取得了成功。当我们在生活中遇到类似的质疑，你会怎样应对呢？千万不要忘记自信。

自信对于一个人的事业简直是奇迹，有了它，你的才智可以取之不竭。相反，如果一个人没有自信，过分依赖别人，那他的一切都会掌握在别人手里。因此，一个人要想成功就必须要靠自己，为将来的自己赢得一片天地。

自然界中，狼总是会遇到各种各样的事情。狼在遇事时，总是前思后想，从来不会轻易地下结论，它们总是把眼光放得很远，因为它们知道长远的利益才是最重要的。这就是狼的生存，也可以称为心态的生存。

如果将狼的这种思维引入到人类的生活，就是要站在高处，把目光放长远。这是一种自信的体现，凡能够面临危机泰然处之、保持理智果断的人，必有过人的自信。自信是成功的一半，是对自己能力的肯定和延伸，生活当中需要自信，工作之中需要自信，只有具有了自信，人生才会更精彩。

要想拥有自信，必须提高自我评价，正确认识自我。李白在《将进酒》中写道："天生我材必有用。"即是说，我能降临人世间，必定是人世间需要我，我能发挥出有益的作用。有的人在一帆风顺的条件下，慷慨陈词，信心百倍。可是一遇到逆境便萎靡不振，如霜打的茄子一般。须知："战胜自己的自卑和怯弱，是对事业的最好祝福。"在逆境中，更需要有自信，更需要励精图治。

在生活中，我们不能预测身边将要发生什么事，也不知道每天会遇上什么人。所以，不管我们遇上什么事和什么人，一定要让自己的内心强大起来，保持对生活的激情，自信一些，才能把命运掌握在自己手中。

或许我们会因为某件极其微小的事情而情绪低落，对自己失去信心，充满自卑。自卑可以是偶然形成的，也可以是日积月累形成的。一个人想要有所成就，首先要建立起自信心才行。要像打扫街道一般，将最阴湿黑暗角落的自卑感清除干净，然后再种植信心，并加以巩固。信心建立之后，新的机会才会随之而来。

作家海伦·凯勒这样说：“自信是命运的主宰。”虽然她从小双目失明，但她却成为一个成功且令人景仰而怀念的伟大文学家。

所以，一个人要想有所成就、有所价值，应当心怀主见，保持自信，在压力面前始终坚守着心灵深处的那份信心，只有这样才能找回自我，进而创造出一番业绩。

第八章

布局：从人脉上完成对格局的突破

近朱者赤，近墨者黑。如果你的朋友都是格局大的人，你的格局必然不会小，你的圈子决定了你的人生处境。所以，我们要学会选择圈子，利用与驾驭自己的圈子，让自己的圈子变得“深”“精”“广”。只有这样布局，才会让自己平步青云。

人不能没有朋友，培养人脉才能获得更多支持

生活是由形形色色的圈子组成，我们都会不可避免地成为“圈中人”。亲情圈不可改变，但朋友圈、同事圈都是由我们自己决定的。什么样的圈子就会造就什么样的人。如果你的朋友都是格局大的人，你的格局必然不会小，你的圈子决定了你的人生处境。所以，要学会选择圈子，利用与驾驭你的圈子，让你的圈子变得“深”“精”“广”。如此布局，才会使得你平步青云。

滚滚红尘，芸芸众生，能在同一时空相遇，便是一份机缘，若能相知进而志趣相投，那便是朋友了。“朋友”，词典里的解释是“彼此有交情的人”。从象形字义来看，两弯相映的明月组合，讲究一个肝胆相照，同心相契。

人生不能无友。孔子说“无友不如己者”，所以“有朋自远方来，不亦乐乎”。在生活中，朋友就像阳光照耀着我们，温暖着我们。当我们满怀疲惫时，朋友的关爱似柔情的月光，给了我们甜蜜的慰藉和生存的坚强；当我们面对失败时，朋友的鼓励给了我们拼搏的信心和向上的力量；当我们欢呼成功时，朋友的祝福给了我们真诚的喜悦和前进的动力。

俗话说：“多一个朋友多条路，多一个敌人多堵墙。”我们每个人都有自己的朋友群，好的朋友就是能互相容忍对方缺点，在危机时能挺身而出帮自己一把的人。

春秋时，齐国有两个人，一个叫管仲，字夷吾；一个叫鲍叔，字宣子。两人自幼时以贫贱结交。后来鲍叔先在齐桓公门下信用显达，就举

荐管仲为相，位在己上。两人同心辅政，始终如一。管仲曾有几句言语道："吾尝三战三北，鲍叔不以我为怯，知我有老母也；吾尝三仕三见逐，鲍叔不以我为不肖；知我不遇时也；吾尝与鲍叔为贾，分利多，鲍叔不以我为贪，知我贫也。生我者父母，知我者鲍叔也！"

管仲和鲍叔牙之间深厚的友情，已成为中国代代流传的佳话。在中国，人们常常用"管鲍之交"来形容自己与好朋友之间彼此信任的关系。这才是真正的朋友，真正的友谊。

俗话说："一个篱笆三个桩，一个好汉三个帮。"人生不能没有朋友，没有一个人能够独自成功。一个人要在事业上取得卓越的成就，没有朋友的鼎力相助是难以实现的。

我们天天都和自己的朋友在一起打交道，可能会为一些鸡毛蒜皮的事情争得面红耳赤，也可能会为了利益而反目成仇……其实，交朋友是一个大浪淘沙的过程，是从开始做加法然后逐渐做减法的过程。交什么朋友，怎么交朋友，是一门生活的学问，但这算不上是一门深奥的学问。我们要由表及里、由内到外、从言到行地了解，这样才能全面认识一个人。通过这样的了解而结交的朋友才是真正的朋友。

每个人都渴望感情的交流，渴望有亲密的朋友，可是交朋友不是一件容易的事情，选择得当则可受益匪浅，交友不当，则祸害非轻。与正直的人交朋友，自己的灵魂也能得到净化，朋友之间的一言一行相互影响，品质会随之高尚起来；与奸邪的人交朋友，必定会追风逐臭，同流合污，遭到人们的鄙弃。

所以，人生在世不可能没有朋友；但做朋友，应该有起码的原则。交友的原则就是做人的原则，一要正直，二要真诚，三要谨慎。正直就是凡事把原则放在第一位，把私人友情放在第二位；真诚就是待友以真，待友以诚，把朋友关系放在正当交往的天平上，决不能以"朋友"为诱饵，营己私利；谨慎就是注意交友的质量，不要滥施你的友情。

人脉即钱脉，主动出击赢得人脉

戴尔·卡耐基说："专业知识在一个人成功中的作用只占15%，而其余的85%则取决于人际关系。"所以，无论你从事什么职业，只要学会处理人际关系，掌握并拥有丰厚的人脉资源，你就在成功路上走了85%的路程，在个人幸福的路上走了99%的路程。

不得不说，任何人都离不开社会，人的成功就来自于社会及个人所处的人群当中，只有在这个社会、在人群里八面玲珑、如鱼得水，才能拓展出自己的道路。如果不重视人脉，不重视与人交往，难免会处处碰壁。因此成功学里有这么一句话：人脉即钱脉。据研究表明：所有的成功人士都拥有良好的人脉，但好的人际关系也不说凭空而来的，而是要主动出击才能获得。

李某刚开始做高端产品的销售时，因为没有很好的人际关系基础，又缺乏拓展人际脉络的经验，销售业绩很不理想。经过分析，李某发现自己虽然认识很多人，但这些人和自己并非客户关系。他还认识到自己的客户应当是处在中高档生活阶层的人士，而自己所接触的人都是一些普通的工薪阶层。

最后，李某做了一个拓展人脉关系的重大决定：实施他的高尔夫策略。李某开始每天出入汇聚大量高层人士的高尔夫俱乐部，结识了很多的成功人士，并且通过这些成功人士建立了更优质的人脉网络，李某的销售业绩也好转了起来。

李某取得成功的关键就在于很准确地定位了自己需要的人脉层次，

通过接触和拓展自己人脉网络，提升了自己的人脉竞争力。

我们常常看到很多人在与人交往时左右逢源，办起事情来得心应手；可是也有一些人，尽管也努力着想要结交更多的朋友，扩大自己的交际圈，却是收效甚微。其实，不管你是经商，还是在职，想要成功，想要获得财富上的满足，你必须把“人”做好了，把“我”这个基础打好了，其他的一切也就可以迎刃而解了。

每个人都有一套积累人脉的方式，但是，如何才能有效率地提升人脉竞争力？黑幼龙指出，想要提升人脉竞争力有许多技巧，但是，前提是必须具备“自信与沟通能力”。以自信心来说，“你的舒适圈（在不同场合中感觉到自在的程度）有多大？”一个没有自信的人，舒适圈很小，总是怕被拒绝，因此不愿主动走出去与人交往，更不用说要拓展人脉了。

其次是沟通能力，这其实就是了解别人的能力，包括了解别人的需要、渴望、能力与动机，并给予适当的反应。如何了解？倾听是了解别人最妙的方式。

物以类聚，人以群分。在现实生活中，你和一位赌徒在一起，就会认识更多的赌徒；和一位白领在一起，就会认识更多的白领；和一位商界精英在一起，就会认识更多的商界精英。这就是人脉的神奇所在。

曾任美国总统的罗斯福曾说：“成功的第一要素是懂得如何搞好人际关系。”

任何公司最大、最重要的财富是人。在我们中国，人脉资源更为重要了，如果你想获得更多的金钱，就尽早建立自己的人脉资源网。如果你的人脉上有达官贵人，下有平民百姓，那么，当你有喜乐尊荣时，有人为你摇旗呐喊，鼓掌喝彩；当你有事需要帮忙时，有人为你铺石开路，两肋插刀，你就能感到人脉的力量！

为自己存一张“人脉存折”

谋大事者必要布大局，对于人生这盘棋来说，我们首先要学习的不是技巧，而是布局。大格局，即以大视角切入人生，力求站得更高、看得更远、做得更大。大格局决定着事情发展的方向，掌控了大格局也就掌控了局势。

人所拥有能力的很大部分，都是在良好的人脉之中得以展现的。再优良的种子，如果生长在贫瘠的土壤中，就无法盛开出娇艳的花朵。同样，人的潜在能力是在和优秀的人相互切磋之中得以发掘的，如果不能做到这样，卓越的潜力也就只能胎死腹中了。所以，我们每个人都要注意积累人脉。

人脉的积累是长年累月的，是一种在工作和生活中养成的习惯，并不是一件要刻意定时完成的项目。不管是一条人脉，或是由人脉伸展出去的人脉，都需要长期的付出与关怀，这样才能在看似不经意间逐步建立起自己的人脉网。

从现在起，累积你的“人脉存折”，扭转命运。什么是“人脉存折”？话说有这样一个人四处打听，说是要为下一代找一所有“人脉”教育的学校，不论多贵多远，他都会支持他的儿女入读，原来他是给他的儿女们存一张“人脉存折”。

大千世界，无奇不有，听说过给子孙留车、留房、留钱，却从来没有听过给子孙留一张“人脉存折”。但是，仔细想想，“人脉存折”也确实有这样的魅力和价值。每一个人都想改变自己的命运，如何改变自己的命运呢？方法有很多种，其中一种就是为自己积累一张“人脉存折”。

台湾地区凌航科技董事长许仁旭，也是靠人脉竞争力来打天下的。他说：“如果不是因为朋友的介绍，凭我中山大学的学历，根本不可能进台积电或者任何一家科技公司；如果不是因为我在台积电工作时跟凌阳董事长黄洲杰建立了深厚的感情，我现在也不会成为凌阳集团投资业务的重要顾问。”

无论在哪个行业，人脉竞争力都是一个日渐重要的课题。在好莱坞就流行一句话：一个人能否成功，不在于你知道什么，而是在于你认识谁。的确，人脉是一个人通往财富、成功的入场券。

积累人脉存折，这是每个人都拥有的机会。对所有的人来说，机会是平等的，就看你能不能抓住并把它利用好，掌握了人脉之道，也就掌握了命运之道。现实生活中，更多的人只知一味地埋天怨地，大诉命苦，却从不注意积累自己的人脉存折。于是很多年过去了，却始终停留在人生起步的阶段，一辈子的时间都只用来做一个“怨妇”了。那些自认“命苦”的人从来不去考虑别人是如何成功的。其实说白了，几乎每一个成功的人，无论他做什么，都要有强大的人脉做基础。

有一位卖场营销的高手，来上海不久就考上了一家名校 EMBA，可是他却说，在上海读 EMBA，不是做生意，而是在找寻更多比他更优秀的人，认识他们，向他们学习。这也是在积累自己的人脉存折。

你广交朋友，就积累了丰厚的人脉存折，自然而然你的命运便会发生奇迹般的变化，机会开始源源不断地光临你，你的事业便畅通无阻，你的生活就一帆风顺，你的好命自然也是理所当然。

积累人脉存折，其实就等同于积累银行的存款，你一次存一点儿，但从不间断，天天存，月月存，日久天长，自然积少成多，积土成丘，人脉这时便表现出强大的力量。如果你想使自己的人脉存折中的人情不断增值，须做到以下几点：首先要信守承诺。守信是一大笔收入，背信则是庞大支出，代价往往超出其他任何过失。其次要诚恳正直。背后不言人短，是诚恳正直的最佳表现。在人后依然保持尊重之心，可以赢得别人的信任。同时要理解别人，理解别人是一切感情的基础。要想被别人理解，就得先理解别人。

不要再胡思乱想了，好命都是后天造，“命苦”只是一时的，只要善于积累你的人脉存折，你便能改写自己的命运，做自己命运的作者，而不仅仅是读者！如果说血脉是人的生理生命的支持系统的话，那么人脉则是人的社会生命的支持系统。要想成功，就一定要营造一个成功的人脉关系，为自己积累丰富的“人脉存折”。

不要做独行侠单打独斗

俗话说“一根筷子易折，一把筷子不易断。”就算你很厉害，如果没有朋友，单打独斗照样难成大气候。毕竟，一个人的力量总是渺小的，只靠自己的力量获得成功，不能维持太长的时间。因为每个人都有江郎才尽的一天，单打独斗的时代已经过去了，要想干大事，就要学会多交朋友，合作共赢。

在生活中，每个人都不可缺少朋友，有了朋友的陪伴和慰藉，我们才能在精神上获得愉悦感和安全感，不显得那么孤单与无助。要知道，一个人能走多远，要看他与谁同行；一个人有多优秀，要看他身边有什么样的朋友在指点。

我们每个人都有压力大的时候，很多人都选择独自承受，毕竟感到有压力就到处向人诉说，只会让人觉得你很弱，难堪大任。而且有很多压力，的确可以自己慢慢消化，慢慢解决。

可当压力或者各种问题已经积压到我们吃不消的时候，我们往往还是选择自己一个人扛。

其实，当工作或者生活出现大困难的时候，我们可以向父母或者身边的亲友诉说，告诉他们可以减轻你一点压力之余，关心你的人也不用担心。虽然我们有自己独特的灵魂，自己独特的思想，能活在自己的孤岛里。可面对问题也不应该单打独斗，毕竟一个人的力量，终究是有限的，单打独斗，难以成事。

俗话说：“天时不如地利，地利不如人和。”就算你占尽“天时”“地利”，如果没有“人和”，仍然可能功亏一篑。所以，“人和”是成事的最得力助手。“一个篱笆三个桩，一个好汉三个帮”，要想成就一番大事，必须靠大家的共同努力。

在这个竞争激烈的社会，只靠一个人打拼天下是不现实的，社会容不下独行侠。我们必须与人团结合作，才能够在事业上取得成功。

马云开始创业时也不忘“忽悠”妻子、同事、学生和朋友一起干。可以说，如果不是马云聚拢了赫赫有名的“十八罗汉”，就不会有后来的阿里巴巴！

马化腾明知自己写代码在朋友中无人能及，但1998年打定主意创业时，也不忘“忽悠”大学同学张志东、许晨晔等好友加入一起干。腾讯现在之所以能成为20000亿港元的大公司，离不开马化腾的“一个好汉四个帮”。

雷军能被称为“雷布斯”，创立小米短短5年就以132亿美金的个人净资产位居中国科技行业富豪第4位，全球排名第87位，就是因为他聚拢了“5个海龟加上3个土鳖”，8个老男人组团作战！

可见，善于团结一切能团结的，合作一切能合作的，善于借势、优势互补的人，才能取得成功。

这个世界是由许多不同的人组成的，里面有关心你的人，有能帮助你实现梦想的人。封闭自身，也就封闭了遇见他们的机会。你可以是一座孤岛，但请你不要单打独斗。

如今是一个合作的时代，没有合作，成功便无从谈起。一个成功的人，背后一定有一个团队在支持他。也许你对此不屑一顾，认为自己足够强大，不需要合作。这样的想法无疑是错误的，因为合作双赢，只有合作，每一个人才能将自己的才华最大化地施展出来。所以，智者懂得合作，才能成为时代的弄潮儿；而愚者只是单打独斗，很难取得成功。

得人脉者得先机

相信任何人都不想成为最后知道消息的人。但是，很多信息并不都有一个正规的传播渠道，而是来自你的关系网中某个成员。也许在这个网中有政府官员、经济专家、法律顾问、企业总裁，他们往往能够告诉你原汁原味的内部消息，使你在决策中不会产生盲点。人脉意味着速度，人脉意味着优势。

人们常常羡慕身边那些非常能干的人，因为这些人手段高强，交际广阔。其实，这全赖于他的人脉网络四通八达，他在各行各业都有朋友，都有因缘关系，所以，这种人办起事来，往往呼风唤雨，得心应手，会得到各方的援助。

毫不夸张地说，每个人都需要好的人际关系，希望跟别人相处融洽，建立好的友谊，沟通意见，互信互助。好人脉的基本特质是别人愿意跟你相处，对你有兴趣，赏识你的风采。别人信赖你，跟你接触，并伸出友谊的手。人脉是一笔潜在的财富，一种无形的资产。人脉好，将使自己左右逢源，神采奕奕，信心十足。创建有效、丰富的人脉关系，就等于拥有了制胜的法宝，成功的诀窍。

美国作家柯达则认为："人际网络非一日所成，它是数十年来累积的成果。你如果到了 40 岁还没有建立起应有的人际关系，麻烦可就大了。"

众所周知，在美国前总统克林顿成功竞选的过程中，他拥有高知名度的朋友们扮演着举足轻重的角色。这些朋友包括他小时候在热泉市的玩伴，年轻时在乔治城大学与耶鲁法学院的同学，以及当学者时的旧识等。当演说家罗安数年前应邀在阿肯色州热泉市为旅游业年会演讲时，他才深刻地体会到这些人对克林顿总统的支持。

新东方的创始人俞敏洪说："要想知道你今天究竟值多少钱，你就找出身边最要好的3个朋友。他们收入的平均值，就是你应该获得的收入。"身边的朋友对我们太重要了，正如美国的一句流行语所说："一个人能否成功，不在于你知道什么，而是在于你认识谁。"人脉就是命脉，得人脉者得先机。成功人士往往为自己打造一个良好的人脉基础，让丰富的人脉助自己不断成长与成功。

比尔·盖茨的名字在世界上算是响当当的，他成了财富与智慧的象征，而且这也是他当之无愧的。他创建的美国微软公司至今仍笑傲群雄，关于他的故事很多，关于他的评论更是众说纷纭：信息时代的天才、软件帝王、世界首富、企业家、神、魔、恶毒小人……但不管怎样，过去的20世纪乃至21世纪初期，比尔·盖茨都是一个绕不开的名字。

比尔·盖茨能拥有如此辉煌的成就，除了他的智慧、眼光、执著外，另一个重要的原因是他拥有相当丰富的人脉资源。比尔·盖茨创立微软公司的时候，还是一个涉世未深的大学生，但是在他20岁的时候，就签到了一份大单。他是如何做到的呢？

首先，利用自己亲人的人脉资源。比尔·盖茨20岁时签到了第一份合约，这份合约是跟IBM签的。当时，他还是在位在大学读书的学生，没有太多的人脉资源，他之所以可以签到这份合约，中间有一个中介人——比尔·盖茨的母亲。比尔·盖茨的母亲是IBM的董事会董事。

其次，利用合作伙伴的人脉资源。比尔·盖茨重要的合伙人——保罗·艾伦及史蒂夫·鲍默尔，不仅为微软贡献他们的聪明才智，也贡献他们的人脉资源。

再者，发展国外的朋友，让他们去调查以及开拓国外的市场，常常会比微软自己王婆卖瓜的方式更加奏效。比尔·盖茨有一个非常要好的日本朋友叫西和彦。他为比尔·盖茨讲解了很多日本市场的特点，并找到了第一个日本个人电脑项目，以此来开辟日本市场。

最后，比尔·盖茨雇用非常聪明、能独立工作、有潜力的人一起工作。

比尔·盖茨的成功，没有人不羡慕，用人脉去搭建你成功的基石，也许有一天你也能拥有比尔·盖茨那样的辉煌。

成功的人大多喜欢广泛交际，有自己的朋友圈。这种圈子由各种不同的朋友组成，有过去的知己，有近交的新朋友，有男的，有女的，有前辈，有晚辈，有不同行业的，有不同特长的……这样的朋友圈，才是一张比较全面的网络。

在很多情况下，我们就是靠朋友的推荐或提供的信息才获得了难得的机遇。

有一家单位新来了一位主要领导，需要配备一名秘书，这是个很好的岗位，大家都跃跃欲试。经过激烈的竞争，小许被选中了。原因就是这位领导委托自己的一个朋友小汪为自己物色秘书，而小汪和小许是同学加好朋友。小汪知道小许能胜任秘书职位，于是就推荐了小许。结果，领导满意，组织考察合格，小许因为找到了自己适合的位置而欣喜若狂，他的人生命运从此也将改变。这其中最关键因素是因为他有一个得到领导信任的同学。可见，交往越广泛，机遇就越多。

俗话说，多个朋友多条路。不管你是做大事还是做小事，朋友多了路自然好走一些。人脉是门票，让你通往巅峰、走向成功；人脉是存折，让你积蓄实力、把握良机；人脉是钥匙，助你打开封闭的门窗，看见外面广阔的新天地。

如果我们想成为出类拔萃的顶尖人才，就必须经营好自己的人脉。人脉竞争力提高了，才能在工作生活中找到机会，提到自己的竞争能力。如果在人脉积累方面做得还有所欠缺，那么就从现在开始努力经营自己的人脉吧。

圈子对了，事就成了

在中国古代政治系统里，“圈子”是一个非常重要的关键词。对圈子的研究和经营，可以说是古代官员仕途升迁最重要的手段之一。随着现代经济的飞速发展，“圈子现象”已经进入平民百姓的视野。

当下，名目繁多的活动、聚会吸引了越来越多热衷于社交活动的人，也让越来越多的人认识到圈子的重要性。可以毫不夸张地说，圈子决定成败，关系改变命运。重要的不在于你懂得什么，而在于你认识谁。

前面读过这样一个故事：有一个人抓了一只幼鹰，把它养在了鸡笼里。这只幼鹰每天都与鸡为伍，跟它们一起啄食、嬉闹和休息。后来，这只鹰渐渐长大，羽翼丰满了，这个人想把它训练成猎鹰，但是由于鹰终日和鸡混在一起，它便以为自己是一只鸡，失去了飞翔的本领。

这个故事告诉我们，圈子很重要，鹰和鸡在一起待久了，会失去飞翔的意愿，推及到人，也是如此。一个人在不同的圈子里，就会养成不同的习惯，而不同的习惯又决定着不同的命运。所以，朋友的高度决定你的高度。

“物以类聚，人以群分”。交什么样的朋友，就预示着有什么样的人生。如果你的朋友都是积极向上的人，你可能成为奋发有为的人，假如你希望更好的话，就一定要和比你更优秀的人在一起，因为只有他们才能提供成功的经验和良好的机遇。

俗话说：天时不如地利，地利不如人和。“人和”是什么？从微观的角度来理解，“人和”实际上讲的就是一个人所处的圈子，一个人的人脉关系。你可能拥有“天时”，你运气很好，机会总是光顾你；你可能占据地利，你做的行业是当下最流行、最火暴的行业；但这些都不如“人和”，唯有“人和”，才是成就大事最必要的条件。当你拥有了得心应手的朋友，无论你的起点多么低微，仍然可以取得成功。

圈子，最重要的特点是圈里的成员都有相近的爱好和共同感兴趣的话题，而且说话自由，交流方便。圈子对了，事就对了，我们一定要建立好自己的人脉圈子。当今社会，人脉是让自己走向成功的一种重要的社会手段。很多人都在想方设法扩充自己的“人脉”，但大多数人都是在“盲目”地行动着。那么，如何才能通过自己的圈子实现事业上的腾飞呢？

简单来说，想做什么样的事业，就要进入什么样的圈子，找到掌握自己命运的“关键性”人物。这就好像是一张网，我们是织网者，要捕小鱼，就要织密网，你要捕大鱼，就要织稀网，只有这样，才能让这张网发挥出最大的作用。

通常，衡量一个人能力大小，重要指标之一就是看他生活半径的大小，也就是圈子的大小。在这个世界上，每个人都处在一个个洋葱头结构的圈子里，每个圈子都有核心，有边缘，每个人所处的位置不同，说话的分量各异。但是有一样是相同的，那就是对圈子的依赖。

加入一个圈子，其实就是加入一个熟人社会；选择一个圈子，其实就是选择一种生活方式。我们也许曾经素不相识，但只要加入同一个圈子，就会慢慢变成熟人，相互交换信息，相互评价对方，相互提供帮助，相互感染，相互影响。在圈子里，我们很容易找到志同道合的朋友，听到自己关心的各种信息，从而得到意想不到的收获。

法国大文豪福楼拜住在6层楼的一个单身宿舍里，屋子很简陋，没什么家具。每到星期天，从中午1点到7点，他家里一直都有客人来。这里面有俄国小说家屠格涅夫、法国作家都德、左拉等，小客厅被他们挤得满满的。新来的人只好待在餐厅里。他们进行激烈的辩论，福楼拜时而激情满怀，时而义愤填膺；有时热烈激动，有时雄辩过人。一束束启蒙的火花从他的话语里迸发出来。最后，福楼拜的朋友们一个个陆续地走了。福楼拜把他们分别送到前厅，紧握一下对方的手，再热情地大笑着用手拍打几下对方的肩头。通过沙龙，每个人都得到了新的启迪、新的灵感，为自己下一步的创作找到了源泉。

可见，想要扩大自己的视野、增强自己的人脉，就要想方设法参加和自己所从事职业密切相关的活动。通过和别人的交流，提高自身素质，找到知己，从而为自己将来的成功打下坚实的人脉基础。

人与圈子的关系密不可分，没有一个人可以脱离圈子而生存，人生的过程也就是进入一个又一个圈子，并且又离开不同的圈子。人的一生就是这样在钻圈子、找圈子、造圈子、拉圈子、跳圈子中度过。

利用与被利用，驾驭与被驾驭，就是我们生活的全部。我们要学会驾驭和利用自己的圈子，用自己的方法研读脸谱和帷幕后隐藏的一些东西，可以内化外用，灵活运用，以圈子为平台，创造出一番成就。

别错过生命中的贵人

在很多情况下，一个人的实力、学历都比不上“人力”管用。因为一个人的能力是有限的，要想取得成功，就要善于借助外部力量，寻找贵人相助，充分发挥人脉资源的强大作用。贵人是一个人生命中的开路先锋，是事业上的导师；贵人会让你省下非常多的时间，走对方向，少走弯路。所以，在自己奋斗的同时，要积极寻找贵人相助。

谁都期盼被成功的光环笼罩，谁都期望在迷茫时得到高人指点迷津，谁都期待在困境时得到贵人一臂之力。因为在我们的人脉关系网中，核心人物的人脉效能是巨大的，换句话说，贵人相助，会让你更快地成功。

清朝的胡雪岩幼时家境贫寒，为了养家糊口，作为长子的他经亲戚推荐，进钱庄当学徒。他从扫地、倒尿壶等杂役干起，3 年师满后，因勤劳、踏实成了钱庄正式的伙计。

在道光年间，王有龄就已捐了浙江盐运使，但无钱进京。胡雪岩慧眼识珠，认定其前途不凡，便资助了王有龄 500 两银子，叫王有龄速速进京活动一下。后来干有龄到浙江巡抚门下当了粮台总办。土有龄发迹后并未忘记当年胡雪岩知遇之恩，于是资助胡雪岩自开钱庄，号为“阜康”。之后，随着王有龄的不断高升，胡雪岩的生意也越做越大，除钱庄外，还开了很多店铺。

钱庄的兴盛，有一部分功劳应归于王有龄，更重要的是胡雪岩善于用人，以长取人、不求完人。胡雪岩之所以能迅速崛起，除了得益于王有龄之外，另一个人也起到了重要的作用，那人就是左宗棠。

1862年，王有龄因丧失城池而自缢身亡。经曾国藩保荐，左宗棠继任浙江巡抚一职。左宗棠所部在安徽时粮饷已欠近5个月，饿死及战死者众多。粮饷短缺等问题困扰着左宗棠，令他苦恼无比。急于寻找到新靠山的胡雪岩又紧紧地抓住了这次机会：他雪中送炭，在战争环境下，出色地完成了在3天之内筹齐10万石粮食这一重大任务，得到了左宗棠的赏识，并被委以重任。

胡雪岩左宗棠任职期间管理赈抚局事务。他设立粥厂、善堂、义塾，修复名寺古刹，收殓了数10万具暴骸；恢复了因战乱而一度终止的牛车，方便了百姓；向官绅大户"劝捐"，以解决战后财政危机等事务。胡雪岩因此名声大振，信誉度也大大提高。他在各市镇设立商号，利润颇丰，短短几年，家产已超过千万。

可见，王有龄和左宗棠都是胡雪岩取得成功的贵人，使他一跃从扫地、倒夜壶的差役变身成为显赫一时的红顶商人，名震四方。

在每个人的成长和追求成功的过程中，总会出现若干次拐点，或者低洄处。这时候，若能得到贵人的真心支持，便很容易走出困境。每个人都有强烈的上进心，都希望实现自己的梦想。在实现梦想的道路上，肯定离不开贵人的相助。

美国前总统克林顿在17岁的时候，立志想当音乐家。可是，在白宫遇见了当时的美国总统肯尼迪之后，他改变了志向：他决定放弃当音乐家的梦想，立志当一个政治家，从此改变了他的人生和事业方向。

肯尼迪在他的人生事业中发挥了非常大的作用：如果没有肯尼迪，也许就没有前总统克林顿，充其量会多了一个著名的音乐家。肯尼迪便是克林顿的贵人。

在人际交往中，我们有意识地去结交特定的朋友，达成自己的目标，并不是一件不好的事。因为每个人的能力和交际圈都有明显的局限性，只有相互借用，才能达到共赢的目的。

洛克菲勒说："我愿意付出比天底下得到其他本领更大的代价来获取与人相处的本领。"的确，每一个伟大的成功者背后都有另外的成功者。

没有人是靠自己一个人达到事业顶峰的，如果你决心成为出类拔萃的人，千万不能忽视人际关系。我们要想成功，就一定要营造适于成功的人际关系，包括家庭关系和工作关系。

中国有句古话叫“家和万事兴”。你与家人的关系如何，决定了你与父母、子女的关系，而家庭关系为我们与别人的关系定下一样的模式。同样，我们与同事、上司及下属的关系是决定我们事业成败的重要因素。一个没有良好人际关系的人，即使再有知识、再有技能，同样得不到施展的空间。

不得不说，那些改变我们一生的重要力量也许就隐藏在我们身边，关键在于我们要善于发现。在竞争激烈的社会中，我们必须主动去发现和关注自己人脉网络中的那些核心人物，并且集中精力去和这些“贵人”拉近关系，从而认识更多可以帮助自己职业和事业成长的人。

编织一张大的关系网

曾看到这样一则寓言：黄蜂与鹧鸪因为很口渴，就去找农夫要水喝，并答应给农夫丰厚的回报。鹧鸪向农夫许诺它可以替葡萄树松土，让葡萄长得更好，结出更多的果实；黄蜂则表示它能替农夫看守葡萄园，一旦有人来偷，它就用毒针去刺。农夫并不感兴趣，对黄蜂和鹧鸪说："你们不口渴时，怎么没想到要替我做事呢？"

可见，平时不注意与人方便，等到有求于人时，再提出替人出力，未免太迟了。如果在平时的生活中养成乐于助人的习惯，注意编织你的关系网，那么很可能你要办的事会在无意之中办成了。

常常有人抱怨，我想创一番自己的事业，却没有合适的主攻方向，缺乏必要的资金力量，更幻想能得贵人相助。其实，庞大的资源往往就在你的身边，那就是无数的"人"。只要善于把握、打理、培植你的人脉，就能聚集人气，进而铸造人望，有了这样的臂助，资金、技术、渠道还不是唾手可得，何愁大事不成？

看看你的周围，为什么有的人办事顺利、一帆风顺？为什么有的人办事就处处受卡、麻烦不断呢？这与一个人的交际力量与办事密切相关。如果在人际交往方面下工夫，可以解决许多难题！凡是能成大事的人，都是善于利用人际关系的人。因此，要想成就大事，就要随时注意编织自己的人际关系网。

聪明的人善于把"关系"变成办事的资本，他们凭借自己的本领最大限度地打通各个环节，以便为自己制造人事关系。

需要注意的是，“平时不烧香，急来抱佛脚”是社交的大忌，功利性的社交往往引起人们的反感。有些人有事了才想起那些老朋友，又是说好话，又是送礼的，显得很热情，效果反而适得其反，因为没有一个人喜欢自己被别人利用。所以，你的关系网在平时就要好好维护。真正善于求人的人都有长远的战略眼光，早作准备，未雨绸缪，这样在着急时就会得到意想不到的帮助。

吴榳华是一个千万富翁，身兼上海香港商会理事兼公共事务副会长、香港体育会会长、上海市公共关系协会副会长、上海利苑金阁餐饮有限公司董事、上海威顺康乐体育咨询有限公司董事长、总经理等。他对记者直言，自己有两三千个朋友，每年都会见面 3 ~ 4 次的有近约 1500 个，而经常性见面和联系，有三四百人之多。

商场上常讲：“一分价钱一分货”，在现代复杂的人际交往中，“一分感情一分货”也是很常见的。也许现在的人际交往多多少少都牵扯到了利益，但情感联系也不可少。平常的感情基础也是双方互惠互利的基础，否则只靠名利交换很难长久地维持下去。那么，应该怎样编织你的关系网呢？

1. 建立自己的价值

有人说，很少有人能和与自己地位相差太远的人建立真正的人脉关系。所以，如同建立品牌一样，一个人与其匆忙花费精力漫无目的认识朋友，不如事先确定好自己的价值定位，然后针对目标顾客有针对性地传播。

2. 向别人传递你的价值

在人际交往中，要善于向别人传递你的“可利用价值”，从而促成交往机会，彼此更深入地了解和信任对方。需要注意的是，在日常社交中，有两种心态不太可取：自我封闭，傲慢，此类常见于一些外企白领、金领中，还有就是愤青心态，以超脱自居。

3. 传递他人的价值

我们经常遇到这样的情况：某个很好也很有价值的朋友，但是一两年也难得碰上一次面，用人脉关系来说，就是一种“沉淀资源”，没有产生应有的效益。如果你成为信息和价值交换的一个枢纽中心，那么别的朋友也更乐意与你交往，你也能促成更多的机会，从而巩固和扩大自己的人脉关系。

不要忽视潜在的人脉财富

什么取之不尽用之不竭？什么投资的回报是无价的？什么是世界上最珍贵的，钻石也无法与之相媲美的？那就是好人脉！有首歌词中写道：“千里难寻是朋友，朋友多了路好走。”它十分形象地道出了朋友的珍贵，好人脉的价值。

马克思说：“人的本质就是社会关系的总和。”所以，如果没有丰富的人脉关系，无论做什么事都将举步维艰。换句话说，你的人脉关系越丰富，你的力量也就越大。别人办不了的事情，你可能一个电话就非常圆满地解决了；反之，你费了九牛二虎之力都解决不了的问题，却有人能轻松地搞定。归根到底，有效、丰富的人脉关系是你通往成功的捷径。

交际越广泛，遇到机遇的概率就越高，有很多机遇就是在与朋友的交往过程中出现的，有时甚至是在漫不经心时，朋友的关心、朋友的帮助、朋友简单的一句话等都有可能化作难得的机遇。在许多情况下，就是靠朋友提供的信息、朋友的推荐及其他多方面的帮助，人们才获得了难得的机遇。

没有人是仅靠自身就能达到事业顶峰的，一旦你许诺要成为出类拔萃的人，你就可以开始吸收大量对你有帮助的人与资源了。而其他各方面有所建树的人们是你所有资源中最大的资源，你要做的就是要找到他们，构建有助于你事业成功的“关系网”。

虽说是金子就会闪光，但那也需要有人能看见光。现实中不乏这样既有学历，又有超人的工作能力。然而，他们却始终郁郁不得志。于是，烫金的文凭，丰富的经历都是累赘吗？当然不是，千里马还需要伯乐。

美国老牌影星寇克·道格拉斯年轻时十分落魄潦倒，没有人认为他会成为明星，包括许多知名大导演。但是，有一回寇克搭火车时，与旁边的一位女士攀谈起来，没想到这一聊，聊出了他人生的转折点。没过几天，寇克被邀请到制片厂报到。原来，这位女士是位知名制片人。

可见，即使寇克·道格拉斯的本质是一匹千里马，但也要遇到伯乐，一切才能美梦成真。

人就是资源，也许你刚刚开始准备开办自己的企业时，你可能没有钱、没有设备、没有技术。不要紧，只要你拥有掌握这些资源的人就行。我们往往发现周围的朋友，有些是同学或者同事，有些则是直接通过朋友的介绍而变成朋友，如此一来，当我们认识的人越来越多，我们的人际网就越来越紧密了。总之，我们就要好好地经营人脉资源，具体说来，需要坚持以下原则。

1. 互惠互利

美国汽车大王亨利·福特曾说过："如果成功有秘诀的话，那就是站在对方立场来考虑问题，能够站在对方的立场，了解对方心情的人，不必担心自己的前途。""己欲立而立人，己欲达而达人"，只有这样，才能赢得人们的信任与好感，建立融洽的人际关系。

2. 互赖共存

只有敞开胸怀以接纳的心态尊重差异，才能众志成城。任何事业，都不是个人独力所能够完成的，有赖于同仁的互助合作，因此，我们要树立"合则彼此有利，分则大家倒霉"的意识，共同努力。

3. 诚实守信

人际关系是以互相吸引为前提，而这种吸引很重要的一点是双方必须在交往中达到心理上的安全感。因此，在人际交往中切记诚实守信的原则。

4. 学会分享

分享是一种最好的建立人脉网的方式，你分享的越多，得到的就越多。你愿意向别人分享，有一种愿意付出的心态，别人会觉得你是一个正直的人，别人愿意与你做朋友、打交道。

利用好“自己人效应”

在生活中，人们常常存在一种倾向，也就是对自己比较亲近的对象会更乐意接近。如果双方关系良好，一方就会更容易接受另一方的某些观点，立场，甚至对对方提出一些为难的要求，也不太容易拒绝。所以，在其他条件大致相同的情况下，自己人之间的交往效果要比一般人的好。这是因为人们对交往对象属于自己人的这一认识本身大都会形成一种肯定式的心理定式，从而对交往对象表现得更加友好。这在心理学上叫作“自己人效应”。有道是：“是自己人，什么都好说；不是自己人，一切按规矩来。”

吉田工业创始人吉田忠雄是一位运用“自己人效应”的高手。他在自己的企业当中倡导的“五起哲学”与“三分共享制度”充分体现了这一效应的功能。他提出的“五起哲学”是：一起工作、一起学习、一起高兴、一起伤心、一起牺牲。“三分共享制度”是将经营的成果分成三等份：一份转成价廉物美的产品还给顾客；一份归还给相关的产业；还有一份是包括工作人员薪金在内的公司利益。

可见，吉田忠雄充分利用“自己人效应”的管理方法，把职员当作“自己人”看待，运用自己的哲学和制度，凝聚公司职员，增强员工们的忠诚感和归属感。虽然他是在二战之后才创立拉链厂，但是他的企业却在短时间内一举成为闻名全球的大企业，其销售额高达 50 多亿美元，拥有资产 80 多亿美元，在世界 40 多个国家开设有 50 多家拉链厂。所以，“自己人效应”的管理方法让吉田忠雄的公司发展壮大，财源广进。

管理心理学中有句名言：“如果你想要人们相信你是对的，并按照你的意见行事，那就首先需要人们喜欢你，否则，你的尝试就会失败。”的确，利用好自己人效应，可以帮助我们解决职场中或者销售中的很多问题。

有一个年轻人是一个小记者，他很想去一个国企报社工作。但是苦于没有门路，一直无法如愿。但他没有因此放弃这个梦想，而是投入更多精力，了解这个报社的情况。他研读了这个报社每期杂志的文章，并且研究分析，他把报社主编的所有文章反复阅读。有一天，一次意外的机会，他有幸接触到了报社主编。在他们沟通的时候，他能非常准确地讲出主编的很多文章和思想。主编很诧异他们是否是第一次见面，因为这样的了解程度，没有几年的关注是做不到的。最终主编给了他在报社工作的机会。

故事中的这个年轻人之所以能够如愿，其实用的就是“自己人效应”。如果一开始就提出反对意见，一来别人很难一下子接受，二来这个行为未免过于唐突。如果适当地打下感情牌，拉近彼此的距离，用“自己人效应”来润滑一下关系和感情，沟通起来就会容易很多。

那么，我们应该怎样在人际交往中发挥“自己人效应”而增强影响力呢？首先，应强调双方一致的地方，使对方认为你是“自己人”，从而使你提出的建议易于被接受。其次，努力使双方处于平等的地位。你要想取得对方的信赖，先得和对方缩短心理距离，与之处于平等地位，这样就能提高你的人际影响力。再次，要有良好的个性品质。人的良好个性品质是增强人际影响力的重要因素。心理学研究证明：具备良好个性品质的人，人际影响力就强；反之，有不良个性品质的人，是最不受欢迎的人，也就没有人际影响力可言。所以，我们每个人要加强良好个性品质修养，以增强自己的人际影响力。

在人与人相处的过程中，我们要树立平等的观念和态度。因为你要想让对方完完全全地信任你，首先就要和对方缩短心理的距离，与之平等相处，不要摆出居高临下的态度，更要具有吸引人的魅力。在通常情况下，当一个人的才华、能力得到他人赏识的情况下，人们会越来越喜欢这个人，愿意把你作为“自己人”而与你接近。

所以，一个成功者不是只懂得用自己的力量去争取成功，而是会充分“利用”身边的人，身边的资源，以最小的力量去实现最大的成功。

第九章

冒险：大格局不是冒进，但不排斥冒险

很多时候，冒险的人都有大格局，他们总能抓住机会，并且取得成功。当然，冒险并不是意气用事，也非蛮干，而是有准备的冒险。所以，你应该认识自己，并有明确的目标。没有明确的目标，你一切的行动就没有任何意义，这种时候的冒险只能是一无所获。

负重前行，才能激起斗志

一种动物如果没有对手，就会失去竞争力。同样，一个人如果没有对手，那他就会甘于平庸，养成惰性，最终碌碌无为。所以我们需要压力，只有这样，才能产生忧患意识，有了忧患意识，才能更好地发挥自己的潜能，在压力中寻找动力，在忧患中找到新的人生突破。没有压力的人生是没有意义的。

有位哲人曾经说过："钻石——人们往往羡慕你七色分明，光芒四射，可有谁知道这块'纯碳'在地壳深处经受了数千年高温高压的考验。"很多时候，有压力并非就是一件坏事，相反，压力更是一种激发我们勇敢向前的不竭动力，更是一副促使我们不断走向成功的催化剂。

梅花经历严寒，一支独放，傲视群芳；松柏绝境生存，一树临崖，笑向风雨；生命承受重担，毅然挺立，光芒四射。给生命负重，它会因压力而精彩。人的潜力是无穷的，往往就是在重担下，生命才能激发潜能，纵然一跃，完成另一高度的跨越。

对于有大格局的人来说，压力从来就不是包袱。大凡成功的人都是负重前行，从逆境中崛起的。司马迁《报任安书》中有这么一段话："文王拘而演《周易》；仲尼厄而作《春秋》；屈原放逐，乃赋《离骚》；左丘失明，厥有《国语》；孙子膑脚，《兵法》修列；不韦迁蜀，世传《吕览》；韩非囚秦，《说难》《孤愤》。《诗》三百篇，大抵圣贤发愤之作也。"说的就是人们身处逆境之时，不坠青云之志，更加发愤图强，最后青史留名。

有一艘货轮卸货返航时，突然遭遇巨大风暴，大家都不知道应该怎么办。就在这个危急时刻，船长果断下令："打开所有空着的货舱，立刻往里面灌水。"水手们一听，非常担忧，嘀咕道："往舱里灌水是险上加险，这不是自找死路吗？"但还是半信半疑地照命令做了。

虽然暴风巨浪依旧那么猛烈，但随着货舱里的水位越来越高，货轮渐渐地平稳了。上岸后，船长告诉水手们："一只空木桶很容易被风打翻，如果装满了水，风是吹不倒的。船在负重的时候最安全，空船其实最危险。"

其实，人生何尝不是呢？轻松的生活，固然让人羡慕，但是这样的生活也不会让人有太大的成就。而当我们身上背负着责任，做事情就会全力以赴，这样你成功的几率就会增加。所以，我们要鼓起勇气，去承受压力，给自己灌满"水"。

有一哲人说过："要想有所作为，要想过上更好的生活，就必须去应对一些常人所不能承受的压力，你得像古罗马的角斗士一样去勇敢地面对它，战胜它，这就是你必须走的第一步。"很多杰出人士，他们在取得事业的成功之前都是默默无闻的，在面对压力的时候，他们都是勇敢地去面对，并且战胜了它。

台湾作家林清玄曾说："爱和美，可以减轻许多人生的沉重……当你回到家中，面对你爱人的时候，你可以满怀爱意地把她抱起来，转上一圈。这时，如果给你一块 50 千克重的石头，也让你抱起来转一圈。结果呢，你会发现石头很沉，让你不堪重负，为什么？那是因为你对石头没有任何感情，石头的重量是真实的重量，而爱人的重量则是一种幸福的重量。"

是的，每个人装进人生"背包"里的不都是石头那么简单，而是精心寻找来的爱情、事业、家庭、婚姻等许多令我们幸福快乐的东西。这些东西带给我们喜悦和甜蜜的同时，也让我们感觉沉重。如果我们以百折不挠的意志去对待困境，就能顺利地从痛苦的束缚中挣脱，将自己的生命之舟驶向更加美丽的成功彼岸。

大格局虽然不是冒进，但不排斥冒险

人生就好像是一盘棋，下棋的是自己。自己的人生靠自己来摆渡，走什么样的路完全取决于自己。如果有前进方向，有目标，有理想，让信念作为灯塔，定能到达彼岸。如果唯唯诺诺，没有勇气，面对一望无际的生命之海，不敢涉足，不能摆正自己的位置，就不能拼出一个出彩的人生。大格局虽然不是冒进，但不排斥冒险。

法国科学家法伯曾做过一个著名的“毛毛虫”试验。这种毛毛虫有一种“跟随者”的习性，总是盲目地跟随着前面的毛毛虫走。法伯把若干个毛毛虫放在一个花盆的边缘上，首尾相接，围成一圈，并在花盆周围不到6英寸的地方撒了一些毛毛虫最喜欢吃的松针。毛毛虫开始一个跟着一个，绕着花盆一圈又一圈地走。一小时过去了，一天过去了，毛毛虫还不停地坚持团团转。一连走了7天7夜，终因饥饿和精疲力竭而死去。

法伯在实验笔记中写下了这样一句耐人寻味的话：在这么多毛毛虫中，其实只要有一只稍与众不同，大胆尝试，走出圈子，便能避免死亡。现实生活也是这样。总有人跟着前人，亦步亦趋，但也有人大胆尝试，开拓进取。思维方式不同，结果也就不同。

一个有格局的人是一个有眼光的人。因为获得财富与成功的机遇都是需要眼光去发现的。有句老话说得很精辟：“山坡上开满了鲜花，但在牛羊的眼中，那只是饲料。”当然，开阔的眼界，需要开阔的思维去引导。

曾读过这样一篇短文：

在烈日下，一群饥渴的鳄鱼陷身于水源快要断绝的池塘中。面对这种情形，只有一只小鳄鱼起身离开了池塘，它尝试着去寻找新的生存的绿洲。塘中之水愈来愈少，最强壮的鳄鱼开始不断地吞噬身边的同类，苟且幸存的鳄鱼看来是难逃被吞食的命运，然而却不见有鳄鱼离开。

最终，池塘完全干涸了，唯一的大鳄鱼也耐不住饥渴而死去了。然而，那只勇敢的小鳄鱼，它经过多天的跋涉，幸运的它竟然没死在半途中，而是在干旱的大地上，找到了一处水草丰美的绿洲。

试想，如果不是小鳄鱼勇于尝试，寻求另一条生路，那它也难逃丧生池塘的厄运；而其他鳄鱼如果能不安于现状，勇于尝试，那么，也不会落个身死干塘的可悲结局！所以，勇于尝试的精神非常重要，只有大胆尝试，才能出奇制胜。

曾经有人问一位商业奇才："你的成功秘诀是什么？"

商人反问："如果你知道现在市场上装潢设计人才短缺，你会怎样做？"

那人不假思索地说："当然是赶紧去学习装潢设计技术。"

商人听后笑着说："如果是我，一定想办法招募几名装潢设计的高端人才，然后创办一个装潢设计培训公司，面向社会大批量招生。"

听者这才如梦初醒，钦佩不已。

商人的高明之处，就在于他采取了与正常人相反的思维方式，出奇制胜。其实，也正是因为大多数人都习惯于正向思维，所以才使逆向思维者面临的机会要多得多、更容易成功。

有时候，只要我们能拿出勇气主动出击，生活中的那些"不可能"就会变成"可能"。很多时候，我们缺乏的不是才能和机遇，而是缺乏那种大胆尝试的勇气。勇气是通往天堂的门票，懦弱则往往叩开地狱之门。懦弱者总是被各种各样的恐惧、忧虑包围着，不敢改变，不敢抗争。只有在生命中注入勇气，才能斩断前进途中缠绕在腿脚上的蔓草和荆棘。懦弱者只有鼓起勇气，大胆向困难和逆境宣战，并付诸行动才能成为勇士。

有一天午后，37 岁的麦克·英泰尔突然问了自己一个问题：“如果有人通知我，今天就要死了，我会不会后悔？”

“会！”英泰尔在心里对自己肯定地说。回顾自己的生活，他发现，生活中从来没有激起过丁点儿火花，甚至连一场小赌注都玩不起。在这 30 多年的时光里，因为自己个性懦弱，即使有机会做自己想做的事，却因为“害怕”两个字，而一再退缩。

英泰尔懊恼地对自己说：“什么都怕，活着能干什么？什么都听别人的，活着有什么意义？”于是他鼓起勇气放弃了收入丰厚的记者工作，并将身上仅有的 3 美元捐给街角的流浪汉后，只带了干净的内衣裤，从加州出发，准备以搭便车的方式走遍整个美国。

朋友们都认为他疯了，劝他放弃这个念头。但英泰尔没有听从朋友们的劝说，毅然踏上了自己的行程。

就这样，凭着一个冲动的决心和一份坚强的毅力，从来没有独立完成过一件事的英泰尔，没有接受任何金钱的馈赠，在雷雨交加的夜晚睡在潮湿的睡袋里，在游民之家靠打工换取住宿……仰赖 82 位陌生人的仁慈帮助，完成了 4000 多英里的路程，终于抵达了目的地。后来，英泰尔出版了自己的旅行笔记《不带钱去旅行》。

每个人都有自己的梦想，都有想要达成的目标，都有希望成为的样子，但在这个过程中，总会出现各种干扰。与其畏缩不前，何不趁青春年少，大胆一试？许多事情，不是因为做不到才让人失去了信心，而是因为失去了信心，才变得难以做到。你与成功之间的距离，有时候可能就在于你比别人多尝试了那一次。

摒弃胆小心理，培养冒险精神

没有冒险者，就没有成功者。冒险是一切成功的前提，冒险越大，成功越大。

西点军校著名学子美国杜邦公司创始人亨利·杜邦说过："危险是什么？危险就是让弱者逃跑的噩梦，危险也是让勇者前进的号角。对于军人来说，冒险是一种最大美德。"险奇相应，冒险就是用奇，有时只有敢于冒险，方能以奇制胜。但这里所说的冒险，不是盲目瞎干的莽撞、无知，而是有准备的合理冒险。

杜邦公司是历经百年的美国大公司。它所创立的经营管理体制曾为美国各大公司所仿效，它的制度文化的变革过程具有时代的特色。在杜邦家族的历史上，亨利是个标志性人物，他的影响力甚至超过了他的父亲伊雷内。由于亨利毕业于西点军校，人们都称他为"亨利将军"。他长着火红色的头发和胡子，人称"红汉子"。他接手后全面整顿公司，选用能人，不断扩展国内外的市场，使公司跨入了一个新的阶段。

公司的所有主要决策和许多细微决策都要由他亲自制定，所有支票都得由他亲自开，所有契约也都得由他签订。单人决策之所以取得了较好的效果，这与"将军"的非凡精力是分不开的。

杜邦家族是在1800年由法国到美国，在纽约扎根。杜邦家族几代人靠开设火药工厂和化学工厂，靠动荡不安的世界局势和美国国内局势，大发战争财。

亨利·杜邦32岁那年，堂叔犹仁总裁死于肺炎。由于犹仁死得突然，没留下遗嘱，家族乱成了一锅粥。大家在家族会议上吵得不可开交，谈不出什么结果。后来，亨利·杜邦接手公司，当上了新的总裁。

1861 年 2 月，继林肯总统的就职典礼后，杰斐逊·戴维斯宣誓就任美国南部各州同盟主席。4 月，南北战争刚一打响，亨利·杜邦立刻跑到华盛顿，宣称他忠于政府，从而签订了一大批军火合同。到年底，杜邦公司向政府出售的枪炮火药价值 230 万美元，这是公司成立 60 年来最大的一笔交易。

南北战争期间，由于杜邦公司总裁亨利·杜邦发誓效忠政府，林肯授意特拉华州州长伯顿任命他为州武装力量的少将。从 1868 年到 1888 年的五次总统选举中，亨利都是特拉华州的总统选举人。杜邦家族此时已是腰缠万贯的新贵族、特拉华州一言九鼎的人物了。1899 年，杜邦家族为了得到大企业的许多特许权，影响州立宪会议，会议通过修改了州宪法。新宪法给予大企业纳税优惠的特权，也给建立大规模的股份公司开了绿灯。

亨利虽然不懂炸药技术，但他的管理和经营能力很强。在长达 39 年的任期内，他建立起了世界知名的杜邦帝国。

在生活、工作中涉及冒险时，许多人常常犹豫不决，是他们生性谨慎，总是推迟重大决定，有时甚至无动于衷。世界上有许多人缺乏胆量、不敢冒险，只求稳妥，所以一事无成。我们要分清除哪些是敢作敢为，哪些是莽撞蛮干。在某些时候，我们必须采取勇敢的行为，才能有所成就。

很多时候，冒险的人都有大格局，他们总能抓住机会，并且取得成功。当然，冒险并不是意气用事，也非蛮干，而是有准备的冒险，为此，你应该认识自己并有明确的目标。没有明确的目标，你的行动就没有意义，这样的冒险只能是无所收获。

把握机遇，在紧要关头快走两步

人生在世，时间说短不短，说长也不长，要是懂得把握，时间对你来说是足够的，因为你已经在一定的时间内做完了你想要做的事情；要是不懂得把握，那纵然你拥有再多的时间，也是浪费而已。人与人之间的差别，就在于你是否抓住了身边的机遇！那些成功的人，并不是能力出众的，而是那些善于做好充分准备并利用好每一次机遇的人，他们都有大格局。所以，谁有大格局，谁把握好机遇，谁就是财富的拥有者！

柳青说："人生的道路是漫长的，但紧要处往往只有几步，特别是当人年轻的时候。没有一个人的生活道路是笔直的，没有岔道的。有些岔道口，你走错一步，可以影响人生的一个时期，也可以影响人的一生。"的确，人的所作所为，所采取的对待人生的态度，对一个人一生的影响非常大。

很多时候，很多人都会为了某件事情而悔不当初。其实，当事情已经过去的时候再后悔就太晚了。时间不会给我们重来一次的机会，所以，如果想要事后不后悔，就要把握住每一个机会，该出手时就出手。

你永远不知道哪一块石头丢进水里会激起大水花，只要我们年轻就有资本疯狂地奔跑，就算华丽地跌倒也没关系。我们可以没钱，可以没事业，但就不能没信心，所以不要挑剔工作。更不要排斥与任何人合作，要懂得珍惜机会。卑微的梦想持续燃烧也能成就一段不凡的人生。

每一个人都有改变自身命运的机会，关键是你肯不肯为这个机会付出。如果你视而不见，那么不要抱怨生活对你不公。

奥古斯·狄尼斯曾说过："在任何情况下，遭受的痛苦越深，随之而来的喜悦也就越大。"只有经过痛苦的洗礼，才能让我们更深刻地体会到快乐的滋味，就如同苦尽甘来，甜蜜的味道才能真正流淌到人的心里。

“塞翁失马，焉之非福。”这个成语我们从小就知道，世界上有着不公平的存在，难道我们就要向不公平低头吗？难道我们身边就没有幸福、机遇的存在吗？不是的，是我们往往被自己的悲哀所遮蔽了双眼，没有看到眼前走过来的幸福和划过的机遇，没有把握住它。因为我们一再抱怨命运的不公，“与其诅咒黑暗，不如让自己发光。”人生的道路虽然漫长，但紧要处常常只有几步，每个人都要慎重选择。

路遥的成名作《人生》：讲述了主人公高加林高考落榜后回到乡里当民办教师。然而，“暴风雨”突然袭来，高加林的职位被村里“一把手”的儿子三星顶替了，他必须回家当农民，高加林失去了生活的希望。

在高加林心灰意冷的时候，农村姑娘巧珍炽热的爱情使他振作起来。高加林决定放弃曾经的理想，甘愿当一个农民。可是，正当高加林的生活要回归平静时，他的叔叔回乡当了领导，村干部为了巴结他，走后门给高加林谋了个城里记者的职位。高加林灰色的梦想又鲜活地闪现在眼前！进城后，高加林抵挡不住中学同学黄亚萍的追求，他最终放弃了与巧珍的爱情。然而，此时组织上查明高加林是通过不正当途径进城的，于是取消公职，打发他回到农村。即将迁居南方城市的黄亚萍与他分手，而遭遇心灵打击的巧珍早已嫁人，高加林失去了一切，孑然一身回到农村，扑倒在家乡的黄土地上，流下了痛苦、悔恨的泪水。

这样的类似故事被无数人复制，在人生的紧要关口，一些人总是找不到方向，选择了错误的道路，后悔终身。权势再大的人，也有失势的时候，金钱再多，也有被挥霍一空的那一天，如果这样，倒不如心存希望与信心来得重要，面包会有的，一切都会有的。

在生活中，获得成功和幸福的一条最重要的定律，就是知道生活中的每一个问题的关键点何在，这是我们成就每一件事情的决定性因素。不可否认，许多人不能有效地抓住问题的关键点，认为工作中的所有一切都应该倾注全部的时间和精力。他们在许多事情上一概而论、不分主次，结果付出了很大的代价，事倍功半。所以，把握问题的关键点，在紧要关口快走两步，对我们尤为重要。只有在关键时刻，做出正确的选择，才会少走弯路，事半功倍，成就一番事业。

主动出击，抢得先机

成功不是等来的，也不会从天而降，是我们主动争取来的。它总是藏在一个个挫折和失败的后面，守候一个不屈不挠的灵魂。诚如李嘉诚所说："鸡蛋，从外打破是食物，从内打破是生命。"唯有主动出击方能重生，方能成就自己。毕竟，人生就是一场战斗，与其被动地卷入战斗，还不如主动出击，选择有利于你的人生战场，去打一场真正由你选择的人生战争，去争取胜利。

"我不相信被动会有收获，凡事一定要主动出击。"这句话是当代最伟大的篮球巨星迈克尔.乔丹说的。事实上积极主动会让很多难以解决的问题得到解决，使很多看起来不能实现的愿望得以实现。

"守株待兔"的故事几乎家喻户晓，可是很多人都做过那个愚蠢的守候者。有时候是自己懒惰，有时候是自己胆怯，所以就听天由命了。而听天由命的结果肯定要比积极主动要差很多。

任何一个企业老板，都希望自己拥有一批能主动工作、带着思考进行工作的优秀员工。

积极主动的人都是不断做事的人，他主动去做任何事，并努力做到最好。被动的人都是不做事的人，他们在面对任务时总是找借口拖延。

曾看过这样的一个故事：

有两个水平差不多的人进入同一家公司，半年后，一个升为经理，另外一个仍为职员。还是职员的那个人心中不服，就找老板交流。老板什么都不说，让他们拜访一个客户，必须要知道对方的号码。很快，他回来了，告诉了老板客户的手机号，老板点了一下头，表示肯定。然后又让另外的一个人去做，过了一段时间，这个人回来了。他告诉老板，这个客户的性格特点、爱好、家庭情况、公司情况、客户未来的需求等。另外的那个人听了，惭愧地低下了头。

可见，人生很多事情，都需要主动出击，只有这样，才能获得主动权。主动出击是一种积极的人生态度，每一个人都应该对自己的人生负完全责任，每个人都是自己命运的设计师。上天是公平的，只有付出才能有回报，你只有艰辛地努力了，才能最终享受人生。

国际著名钢琴家郎朗，当年到北京求学，钢琴老师断言郎朗将来不可能成为钢琴家。这一致命的打击和求学条件的窘迫，让辞职陪练的“郎爸”的精神几乎陷入了濒于崩溃的地步。回到老家沈阳之后，郎朗没有放弃，主动坚持练习弹钢琴，凭借刻苦勤奋，终于闯出了属于自己的一片天地。

凡事主动出击，无论任何时候都是对自己负责任的一种做法。但是有些人认为自己很聪明，于是任何事情都没有尽心尽力去做，因为他们认为自己可以轻易地完成任务，哪知道就是这么无知的想法，让他们没有及时厘清自己前进路上的障碍。因为他们不懂得，其实人与人彼此之间的素质都相差不大，那些获得成功的人仅仅在工作的态度、能力上比那些失败的人要好上那么一丁点。凡事多努力一点，在日积月累下便能形成巨大的差距。

虽然要成为百折不挠的勇士，并非人人都可以做到，但直面压力，突破自我，却是每个人都能做到的。正如李嘉诚说的“命运靠自己掌握”，当你主动出击，冲破压力的桎梏时，便翻开了人生崭新的一页。

在压力面前低头，在命运面前弯腰，被看客投掷的臭抹布掩埋，永远无法自我救赎。

小说《肖申克的救赎》中，主人公安迪坐在监狱的高墙之下，对着天空说：“希望会让我走出这个鬼地方的。”是的，生活中的困境本身并不是问题，而常常把人压得喘不过气的是绝望。如果直面生活中的种种困境，与自己的灵魂对话，勇敢振作，自我完善，便会洒脱无畏。怀揣希望，自我升华，破壳自救指日可待。

总之，无论你在什么行业，无论你有什么样的技能，你都不妨主动一些，争取在这一领域处于领先的位置。永葆进取心，追求卓越，永远是人类进步的动力。它不仅能造就成功的企业和杰出的人士，而且可以促使每一个努力完善自己的人，在未来不断地创造奇迹。

真正拼过，才会有明天

我们这一生，想要成为什么样的人，想要过上什么样的生活，都只与自己有关，没有人可以给我们提供标准模板。只有真正拼过，我们才配拥有未来，才能过上自己想要的生活。

不过，由于各种主客观条件限制，很多人或是踯躅不前，或是患得患失。虽然渴望被机遇眷顾，却不敢面对失败，总想找各种借口逃避现实，甚至乱发脾气，怨天尤人。这种做法是万万不可取的，在这个充满着竞争的时代，我们需要勇往直前的精神，需要前进的正能量。当我们身处逆境时，只要坚定勇敢向前，希望就在前方。

曾读过这样一个真实的事例：

巴雷尼小时候因病成了残疾，母亲的心非常悲痛，她来到巴雷尼的病床前，拉着他的手说："孩子，妈妈相信你是个有志气的人，希望你能用自己的双腿，在人生的道路上勇敢地走下去。你能够答应妈妈吗？"巴雷尼听到母亲的话，再也忍不住悲伤，"哇"的一声，扑到母亲怀里大哭起来。

从此，妈妈只要一有空，就陪巴雷尼练习走路，做体操，常常累得满头大汗。体育锻炼弥补了由于残疾给巴雷尼带来的不便。在母亲的鼓励和帮助下，巴雷尼非常坚强，他终于经受住了命运给他的严酷打击。他刻苦学习，学习成绩一直名列前茅，最终以优异的成绩考进了维也纳大学医学院。

大学毕业后，巴雷尼以全部精力致力于耳科神经学的研究。最后，他终于登上了诺贝尔生理学和医学奖的领奖台。

无数的励志经典故事告诉我们：面对不公平，面对不如意，颓废不是办法，只有不断地努力才能取得成功。拼吧，再不拼，我们就老了。只要我们付出足够的努力，就能赢下这场人生。

有人说青春是一本密密麻麻的泛黄日记，还有人说青春是一路歪歪斜斜的脚印，我认为青春应该是一行疯疯癫癫的快乐文字。阳光总在风雨后，最美的风景总是在险峰。只要你敢攀登，就能见到它，就能有一个无悔的青春。跪着也要把梦想走完，死扛下去才有机会。青春的我们之所以如此努力，无非是想在年华老去之后笑着离开这个世界。

不得不说，青春是不完美的，有的人选择低下头任其自流，有的人选择抬起头不懈奋斗。环境再怎么美好，也会有人滥竽充数；环境再怎么糟糕，也会有人脱颖而出。至于是哪种结果，全靠我们自己的努力。所以在这个什么都拼的年代，如果拼不了爹，我们还能拼什么？答案就是拼自己。

林清玄说："我，宁与微笑的自己做搭档，也不与烦恼的自己同住。我，要不断地与太阳赛跑，不断地穿过泥泞的路，看着远处的光明。"是啊，不管外面天气怎样，别忘了带上自己的阳光，愿我们成为自己想要成为的样子，不畏将来，不念过去，做自己想做的事，爱自己想爱的人，接受自己最真实的样子。

该花的心血一定要投入，该有的过程一定要经过。若想成大事，就必须日积月累地做好准备，绝对不要躺在那里等待。千万人阻挡你不可怕，可怕的是自己选择投降。生命太短暂，我们没有时间纠结于疼痛、失恋和灰暗中，与其悲观地活着，不如乐观一些，积极向上。若干年后，当我们步入暮年，就可以对自己说，"我的青春没有虚度，我的人生终于有所成就，我高兴，我自豪。"不要将遗憾留下，抓紧时间去拼吧！

一个人，拼的就是坚持

我们不要羡慕那些成功者，他们也曾面临困难、挫折、伤痛、失败，甚至死亡；即便梦想被“退稿”，真心被“退货”，他们也从不放弃，因为他们始终坚信：世间所有的美好，都是因为坚持！

滴水穿石，不是因其力量巨大，而是因为它有坚韧不拔、锲而不舍的精神；绳锯木断，不是因其刚硬利锐，而是因为它始终执着于自己的目标。所以，成功的秘诀不在于一蹴而就，而在于你是否能够持之以恒地坚持下去。任何事情都成于坚持，毁于半途而废。当你陷入困境时，只要再坚持一下，你就胜利了。人生没有不可逾越的天堑，只要我们永不懈怠地一步一步走下去，前面就是成功的彼岸。

袁岳在《青春不应被浪费》一书中讲了这样一个故事。

他曾经跟全国的大学生说过一句话，“你们坚持写博客，天天写，写满一年。毕业的时候，你要是找不着工作，我负责给你一个工作。”要知道，他面对的是一百多万个大学生，结果只有五个大学生达到这个目标。

其中的四个人却对他说，经过一年博客写下来，无论是坚持的意志，还是表达能力都有所提高，找工作非常容易，并不需要袁岳的帮助。对他们来说，找工作不再是难事。

只有一个同学现在在袁岳创办的公司工作，公司团队公认这个同学有一个特点——说的任何事立马能写一个汇报提纲。最后，袁岳在书中进行了总结——任何行动，只要坚持下去形成习惯，就是技能。

在生活中，你可能练习了无数次飞翔，跌落了无数次又爬起来，当你信心满满地站在崖边试飞的时候，依然重重地跌落悬崖。但时间不会让一切的付出就此结束。因为坚持从来都不会辜负你，只要你坚持了付出，就一定会有回报。

1950 年，韩国有一个 15 岁的男孩，贫困的他卖过冰棍，卖过萝卜，但却难以维系温饱，于是他又开始了卖报生涯。他卖报纸很用心。他发现，仁川市场的北方人更愿从报纸上了解北方的战况，因而报纸更能卖，并且他是先发报纸再取钱，这正是与其他报童不同的地方。一年半后，他成了卖报的领班，一方面向其他报童收取领班费，另一方面自己也卖报，拥有双份收入。

1956 年，他考取了延世大学商学院经济系，24 岁以优异的成绩大学毕业。后来他成了韩国第 3 位、世界第 46 位拥有 200 亿资产的企业总裁，他就是韩国大宇集团董事长金宇中。他在回忆童年的生活时说，既有酸楚，也有自豪，他称自己是一位贫困而不凡的少年商人。正是童年的艰难困苦，赋予了金宇中的坚韧和聪慧，帮助他步入了成功人士的行列。

一个人的魅力，不仅在于他的外貌、地位、财富或炫目的生活，而是遇到困难时无所畏惧，面对诱惑时选择漠视，发现阴暗不假思索地抵制，心中一直拥有赤诚的信念。

美国著名的动画大师沃尔特·迪斯尼为了实现建立“地球最欢乐之地”的梦想，四处向银行融资，可是被拒绝了 302 次，每家银行都认为他的想法怪异。其实不然，他有远见，并且有决心实现梦想。今天，每年都有上百万游客享受到前所未有的“迪斯尼欢乐”，这就是坚持梦想给自己、给世界带来的改变。

牛津大学曾举办了一个“成功秘诀”讲座，邀请当时的伟人丘吉尔来演讲。在演讲前三个月，媒体就开始炒作，各界人士引颈等待，翘首以盼，等待这一天的到来。

这天终于到来了，会场上人山人海，水泄不通。全世界各大新闻机构都到齐了。人们准备洗耳恭听这位大政治家、外交家、曾获诺贝尔文学奖的文学家的成功秘诀。

丘吉尔用手势止住大家雷鸣般的掌声后，说："我成功的秘诀有三个：第一，是决不放弃；第二，是决不、决不放弃；第三，是决不、决不、决不放弃！我的讲演结束了。"说完他就走下了讲台。

会场上沉寂片刻后，爆发出热烈的掌声，经久不息。

的确，失败是个逗号，成功也不是句号，只有不放弃才能创造一个又一个辉煌。生命不止，拼搏不息，有梦想的天空从不灰暗，有信念的人生绝不平凡。当我们面对梦想道路上的困苦、艰难与坎坷时，执着是最好的利刃，它会帮助一个人劈开艰难，穿越困境，抵达铺满鲜花的梦想道路。而那些半途而废、做事"三天打鱼，两天晒网"的人，只能与成功失之交臂。只有坚持和执着，才能让你取得成功。

第十章

胸怀：气度决定格局，做人要大气

一个人胸襟有多宽，就能看出这个人的魄力有多大。只有胸怀广阔的人，才能时刻清醒地面对自己，令他人信服；才会从容不迫地对待挫折和意外；才可以对周遭的人虚怀若谷。所以，我们要把格局装入胸襟，做一个有大格局、大胸怀的人。

气度决定格局，做人要大气

气度是一个人包容世界的能力，是对人和事的态度。一个大气的人，不会纠缠于鸡毛蒜皮的琐事，不会费力揣摩别人的小脾气，苦心迎合献媚。他懂得光阴如白驹过隙，无聊的磕碰只会增加前行的阻力，无端耗费时间和精力。一个大气的人，不会故步自封，只找舒服的人散步。他懂得放眼一尺，朋友一片；抒怀一丈，温暖三春。他盯着的目标绝非是眼前的一亩三分地，而是越过高山大川的驰骋纵横。一个大气的人，不会面对成绩沾沾自喜，不会面对失意耿耿于怀。他懂得山外青山楼外楼，懂得跌到了爬起来，不达目的不罢休。

而气度小的人对事事总是不如意，抱怨家人、抱怨朋友、甚至抱怨社会，一遇到困难就被打倒。他们总盯着眼前的一点儿小利益不放，总是害怕自己吃亏，据理力争，不愿意退一步。气度小了，格局就小了，心里就容不下太多的人和事情，也得不到别人的尊重。

三国时期蜀汉大臣杨仪，文韬武略非常不错，深得诸葛亮信任。蜀中大部分人都认为杨仪是诸葛亮的接班人，杨仪自己也觉得能够胜任丞相之位。然而，诸葛亮在临死之前却推荐蒋琬接替自己，根本原因就是杨仪的气度太小，没有大格局。

杨仪有才，人尽皆知，但他的气度实在太小，好嫉妒同僚，经常和同僚发生纠纷。刘备在世时，杨仪因与尚书令刘巴不和，为了调和杨仪与刘巴之间的关系，刘备只好把两人分开，将杨仪降为弘农太守。后来诸葛亮北伐急需人才，才将杨仪带在自己身边，想趁机改变杨仪的性格。但杨仪与诸葛亮手下的猛将魏延又结下梁子，两人的关系势同水火。诸葛亮多次从中调和，但还是于事无补。

诸葛亮死后，杨仪先下手为强，指责魏延谋反，乘机诛杀了魏延，他脚踏魏延的头颅骂道："庸奴！你还能再作恶吗？"随后诛灭魏延三族。杨仪诛杀魏延后，自认为蜀中再也没人能和他抢丞相之位了，没想到蒋琬当了丞相。

杨仪机关算尽，结果大失所望，他常在同僚面前抱怨，说刘禅治国无方，蒋琬无能。杨仪诛杀魏延，本来就引起蜀中高层的不满，魏延之后，蜀中无大将，蜀国也是一天不如一天。而且杨仪打算投奔魏国，更是激起了大家对杨仪的反感。后来，杨仪被刘禅治罪，贬为平民，流放到汉嘉郡。杨仪到达流放地点后，继续上书诽谤，言辞激烈强硬，朝廷只好下令郡府逮捕杨仪，最后他自杀了。

马云曾说："气度是一种胸襟和风度，一个人的气度决定了他精神和事业的高度。"杨仪的死，可谓咎由自取，完全是气度太小所致。

气度大的人，总会有好运相伴，他们不会被不必要的情绪给左右，也能够做好自己的事情，得到同事和领导认可。气度大的人有大格局的智慧。他们不怕外界的干扰，自有定力，清楚自己的方向，明白自己的所作所为。

不管是谁只要心量太小，便难成大器。只要我们的心量不断扩大，现实世界对我们的影响就会越来越小，直至忽略不计。

气度决定格局，一个人能经受住多大的打击，便能干出多大的事业。人生不如意事十之八九，也许我们不能改变世界，却可以改变自己，让烦恼变成大海里的一滴水。内心强大，世界才会辽阔。

不得不说，格局又总是和一个人的经历相关。经历过贫穷的人才会知道珍惜食物；受过伤害的人才会想尽办法避免挫折。当然，我们不可能要求每一个人都像 80 岁的老人一样看破世事心态淡然。但是，格局是可以养成和扩大的，大格局将会让你受益终生。

当然，我们并不是说格局小就完全不会成功，但至少不会取得令人瞩目的成功。就像是装在鱼缸里的鱼和茫茫大海中的鱼，虽然都可以游泳，但一个是遨游，一个只是存活。

总之，做一个有气度的人、一个大格局的人，成功自然会向你而来。

胸怀是被委屈撑大的

人生中所有的不幸和不快，都是人所必须经受的挫折训练。只有经历之后，才会如凤凰涅槃一样而获得重生，才会让你不再停留在原先的层面而有更进一步的升华，也才会让你更有阅历、更睿智、更豁达、更理智、更坚定、有更大的格局……所以，再大的委屈，都要咬牙挺过，挺过之后，你会发觉其实也不过如此。

海本波澜壮阔，但总有陆地限制；天本无边无际，但总有地球的限制；唯梦无边，可像“蛟龙号”深入海底，可像天宫神舟驰骋宇宙，摘星揽月。

阿·勃·史瑞乔经营的殡仪馆生意一直不错。可有段时间，他发现自己的生意越来越少，而斜对门那家店却突然火爆起来。正在史瑞乔百思不得其解时，一个顾客又上门投诉说，他买的货有质量问题，但史瑞乔的确没有给对方送过货。

史瑞乔经过调查查明了真相。原来电话局里一个接线员得了斜对门那家店老板的好处，把史瑞乔的业务全部接到对面去了。员工们非常愤怒，要求起诉那家老板和那个见利忘义的接线员。但史瑞乔却没有急于去报复对手，而是在想另外一个问题：“要是能实现电话自动转接就好了。”

随后，在查阅了大量资料，请教了许多专家，进行了细致的研究之后，世界上第一台“自动电话交换机”诞生了。最终，这项发明让史瑞乔名利双收。

当你遭人暗算、“躺着也中枪”时，你会怎么办？战胜对手的策略，不是削弱对手，而是让自己变得更强。没有大器量，做不成大事业。

马云曾说：“胸怀是非常重要的，一个人有眼光没胸怀是很倒霉的、宰相肚里面能撑船，说明宰相怨气太多了。他不可能每天跟大家解释，只能用胸怀跟人解释。人的胸怀是靠委屈撑大的。”的确，宠辱不惊看庭前花开花落，那是修炼之后的一种境界，没有人生来就如此淡定。每一个人的成长都承载着委屈，内心承受着各种各样的折磨与考验。面对这些，我们唯一能做的就是背负着委屈继续前行。

在一次演讲中，记得马云还说：“对我来讲，人家说‘马云，你一不懂技术、二不懂营销、三不懂市场，几乎没有懂的东西’。我真的是几乎没有懂的东西，我是杭师院（杭州师范学院，今杭州师范大学）毕业的，学的是英文，应该去教高中。在几乎什么都不懂的情况下我发现男人需要胸怀，去容纳他们，去理解他们，去倾听他们，这是很重要的事。”

的确，男人需要胸怀，胸怀有时候是一种抗压能力，扛过去了，就能看到明天，就能开拓未来。败下阵来，就只能停留在现有高度，然后不断倒退。一个胸襟开阔的人，气度自然不小，自然不会斤斤计较，也就自然能够获得人脉关系，朋友圈也就自然而然地扩大，成功也会顺理成章。胸怀宽广的基本标志是能够容得下不顺眼的人、听得进不顺耳的话、装得下不顺心的事。

美国总统林肯曾试图跟他的政敌交朋友，引起一位官员不满，他认为林肯应该利用权力消灭他们。对此，林肯则十分温和地说：“当我们变成朋友时，难道不是在消灭我的敌人吗？”

一个人胸襟有多宽，就能看出这个人的魄力有多大。有魄力的人，不会为了眼前的困难而折服，他总能够战胜面临的一切困难。不是因为他有多么的强大，而是他的胸襟装得下这些困难。能够装下苦难的人，也必然能够装下世界，接受一切的挑战。这样的魄力不是与生俱来的，而是通过时间磨砺出来的。

雨果说：“世界上最广阔的是海洋，比海洋更广阔的是天空，比天空更广阔的是人的心灵。”的确，人的胸襟之大可以大过世界万物，也只有胸襟宽广才能容得下成功之道。

一个拥有大格局的人，必然有广阔的胸襟。只有胸怀广阔的人，才能时刻清醒地面对自己，令他人信服；才会从容不迫地对待挫折和意外，积极面对生活给予的各种磨砺；才可以对周围的人事做到海纳百川，虚怀若谷。所以，我们要把格局装入胸襟，做一个有大格局、大胸怀的人。

凡事不必太较真

有的人凡事都喜欢较真，有什么事总要打破沙锅问到底，搞得清清楚楚、明明白白，真真切切，非要分出个一二三来。其实，凡事过于较真、做事太死板，斤斤计较，这样的人没有大格局，会走进“死胡同”，给自己带来额外的烦恼和精神上的负担。

有两个人因为一道乘法题大吵了一天，一人说三八二十四，一人说三八二十一。因为相争不下，告到县官堂上。县官听罢说：“去，把‘三八二十四’的拖出去打二十大板。”“三八二十四”很是不服：“明明是他蠢，如何打我？”县官答：“跟‘三八二十一’的人竟然能吵一天，还说人家蠢？不打你打谁？”

读完这个故事，刚开始觉得县官是个糊涂官，但仔细一想，不得不佩服县官的高明：能和“三八二十一”吵一天的人真是蠢到家了。俗话说：“能和明白人打顿架，不跟糊涂人说句话。”就是这个道理。

在生活中，有些做事认真的人总是觉到他人难以满足自己的愿望，特别是在家庭生活中，总是找不到自己的幸福感。其实，这些人是因为对鸡毛蒜皮的小事太过较真，总要显示自己的准确无误。结果，就会让对方有一种下不来台的感觉，伤害了双方的感情，相处就会很尴尬。

《格言联璧》中有这样的话：“彼之理是，我之理非，我让之；彼之理非，我之理是，我容之。”也就是说，对方有理，自己没理，要主动认输；对方无理，自己有理，也要容人。

二战时期，丘吉尔做了关于“出兵卫国”的演讲。演讲中反对派对他喊："法西斯离我们还有千里之远，你这么害怕干什么？你是不是打算通过战争来保全你的领导地位？"丘吉尔像没听见一样依然接着演讲。事后秘书问丘吉尔，为什么没有处置那位反对派，丘吉尔说："不要和不懂你的人争论。"

丘吉尔是有大格局的，毕竟，人生一世，草木一秋，大气做事，大气做人，是每一个想要成大器的人都应该追求的境界。人有大气，方成大器。大气之人具有海纳百川的雍容气度、俯仰天地的广阔胸怀及肩负天下的高远志向、宠辱不惊的豁达乐观心态。有大气者，才能够应对人生中的种种困难，才能够立于不败之地。

曾在一本书上看到这样的一段话："生活中充满了许多遗憾的东西，你也可以称之为'缺陷'，但我却喜欢叫它'生活'。是的，这就是生活，不幸的是，有些人有意无意地拒绝它们，试图制造一种纯净水般的理想生活，常言道：水至清则无鱼，人至察而无徒。这样的生活会好吗？何况，它根本就不存在。"

人活一世，有多少欲求，便有多少烦恼。无欲无求，也就无烦无恼了。所以生活中凡事不要过于较真，因为过于较真的人往往也过于固执、做事太死板，容易走进"死胡同"。因此，人不要一条道路走到黑，一个死理认到底。天下没有过不去的河，也没有解决不了的问题，关键是要懂得转弯和变通。

变通让苏轼从被贬的痛苦失落中站起来，在赤壁崖下，完成了"文化突围"。是变通让他看破了世俗名利，不为浮生苦恼，从而名垂青史。变通也是刘邦鸿门宴上的谦卑，是他随机应变的智慧韬略，是他积蓄能量时的蛰伏，使他能转败为胜，开创汉家几百年基业。

古今中外，凡能成大事的人都具有一种优秀的素质和修养，就是能容人所不能容，忍人所不能忍，善于求大同存小异，宽容感恩大多数人，并极有胸怀，豁达而不拘小节，大处着眼而不会目光如豆，从不斤斤计较，纠缠于非原则的琐事，所以才能成大事。

战国时，楚王宴请臣下。灯忽然灭了，一个醉酒的将军拉扯楚王妃子的衣服，妃子扯下了将军的帽缨，要求楚王追查。楚王为保住将军的面子，下令所有的人一律在黑暗中扯掉自己的帽缨，然后才重新点灯，继续宴会。后来，这位被宽容了的将军以超常的勇武为楚国征战沙场。可见，楚王的不较真和宽容为自己赢得了一位能征善战的将军。

夫妻间的生活也需要凡事不必太较真的态度，因为夫妻二人天天生活在一起，可又是完全独立的两个个体，摩擦与矛盾就是在所难免的了。如果事事都较真，那日子就没法过了。其实，作为夫妻，谁也不可能完美无缺，所以双方都应当学会宽容对方的缺点，适时的宽容对方，可以消除婚姻的阴影。

凡事不必太较真，对周围的环境、人事，假如有你看不惯的地方，不必棱角太露，过于显示自己的与众不同。喜怒不形于色，是保护自己的一种方式。凡事不必太较真，不要求全责备，该装糊涂就装糊涂，才是潇洒的处世哲学。

总之，在生活和工作中，有不少场合都需要你不要去较真，更不能较真。如果你避开锋芒，或许矛盾反而迎刃而解，气氛一下子完全改变，打开新的局面，这才是人活得潇洒的原因所在。做人不要太明白、生活不要太较真，说来容易，做起来难。需要的是思想的精深和灵魂的感悟，需要的是摒弃一切奢求、贪欲和妄想，卸掉一切外衣、面具和伪装。学会崇尚自然，返璞归真，让心灵变得更加纯朴、真实。

赞美的语言能打动人心

俗话说：“良言一句三冬暖，恶语半句六月寒。”人人都喜欢听好话，都希望得到他人的肯定。在这个世界上，又有谁愿意被别人批评呢？不管是男人还是女人，都渴望得到别人的赞美，因为赞美能让人产生一种强烈的自豪感和满足感。

网上有一篇文章《适当的赞美，就如同撒香水，别人芳香宜人自己也会沾上几滴》中有这么一段话：适当的赞美真是有如此神奇的动力，所以学习赞美他人的习惯就如同撒香水一般，别人芳香宜人，自己也会沾上几滴香气……请多赞美他人！

真正聪明的人、有大格局的人都善于从小事上赞美别人，而不是一味地搜寻了不起的大事。从小处着手夸奖别人，不仅会给别人出乎意料的惊喜，而且可以使你具备关心、体贴入微的形象。所以，我们的胸怀应该大一些，多赞美别人，岂不更好？

有甲乙两个猎人，各猎得两只野兔回来。甲的妻子看到丈夫回来，冷冰冰地说：“只打到两只吗？”甲猎人听到妻子这样说心中不悦。“你以为很容易打到吗？”他在心里如此埋怨着。第三天他故意空手回来，好让妻子知道打猎不是像她想象的那么容易。

乙猎人所遇到的情况恰恰相反，他的妻子看见他带回来了两只野兔，就欢天喜地对他说：“你真了不起，竟然猎回来两只野兔！”乙猎人听了心中暗喜，“两只算得了什么？”他高兴而又带点自傲地说道。第二天他竟然带回来了 4 只野兔！

乙猎人的妻子本来是平淡如水的话，但因为是发自内心的赞美，创造出了一种和谐的气氛，使丈夫享受到愉快，进而拥有一种积极心态，最终有利于事业的成功和生活的幸福。

毫无疑问，赞美就像照耀人们心灵的阳光，让人精神焕发。当你赞美别人的时候，就好像用一支火把照亮了别人的生活，使他的生活更加有光彩；同时，这支火把也会照亮你的心田，是你在这种真诚的赞美中感到愉快和满足，并激起你对所赞美事物的向往之情，引导自己朝着那个方向前进。

古希腊神话中记载了这样一个故事：

塞浦路斯的国王皮格马利翁非常喜欢雕塑。有一次，他用一块象牙精心雕塑了一个美女像，给她取名为“盖拉蒂”。这尊雕塑实在太完美了，皮格马利翁逐渐爱上了自己的作品。他每天对着雕塑倾诉绵绵情话，赞美她的美貌，真诚地希望她能够幻化为人形，成为自己美丽的妻子。一天，皮格马利翁的痴心最终感动了女神，雕像化作一位楚楚动人的美女，笑吟吟地朝他走来。皮格马利翁的期望终于成真，迎娶了眼前这位让自己朝思暮想的女子。

心理学上的“皮格马利翁效应”，便是人们从这个故事中总结出来的，是指热切的期望与赞美能够产生奇迹：期望者通过一种强烈的心理暗示，使被期望者的行为达到他的预期要求。

的确，一个人得到别人的信任与赞美后，他会变得更加自信和自尊，从而获得了一种积极向上的原动力。为了不让对方失望，他会更加努力地将自己的优势发挥到极致，尽力达到对方的期望。

在韩国某大型公司，有一位普通的清洁工，他本来可能是一位被人忽视、被人看不起的角色，但他却在一天晚上，在公司保险箱被窃时，与小偷进行了殊死搏斗。

事后，有人为他请功并问他的动机时，他的答案却出人意料。他告诉大家，因为公司的总经理从他身旁经过时，总会不时地赞美他：“你扫的地真干净。”就这么一句简简单单的话，使这位员工受到了感动，并在关键时刻挺身而出，挽回了公司的损失。这也正合了中国的一句老话“士为知己者死”。

著名的统帅拿破仑，曾经对自己的士兵说：“不用皮鞭而用荣誉来进行管理。”他认为一个受过体罚的人是不会为自己效命疆场的。为了激发和培养官兵的荣誉感，拿破仑对每一位立过战功的士兵都加官晋爵，还在全军中进行通报，通过这些赞扬和变相赞扬，来激励官兵勇敢地去战斗。

从心理学角度讲，赞美也是一种有效的交往技巧，能有效地缩短人与人之间的心理距离。赞美对双方都是有益的，它能使双方都看到美好的前景，不断追求进步。既然赞美有这么大的力量，那么，赞美别人有什么技巧呢？我们可以参照下面的几点：

1. 赞美要看对象

面对不同的对象要用不同的赞美方式：面对漂亮的女人，要赞美她们的衣着打扮；面对职场女性，不仅要赞美她们的外表，还要赞美她们的工作成绩；赞美男人一般要从他的智慧和能力下手，当然也可以赞美他的妻子和小孩。

2. 赞美时给予鼓励

每个人都希望得到别人的支持和鼓励，这可以让人们充满信心，变得更坚强。所以，在赞美对方时，要加上一番鼓励。

3. 赞美要有真实的情感体验

赞美要有发自内心的真情实感，这样的赞美才不会给人虚假和牵强的感觉。带有情感体验的赞美能让对方感受到你对他真诚的关怀。

4. 多赞美小人物

小人物在取得成绩后，同样需要赞美和认同，如果你能把握好机会赞美他们一番，那么，你一定会征服更多小人物的心。

一句普普通通的赞美有时可以改变一个人的一生。不管是普通人也好，还是一个伟大的人，都希望听到别人一句赞美的话。我们何不展开自己宽广的胸怀，用真诚的眼神去发现美，用真诚的心灵去赞美他人、赞美世界、赞美人生呢？

海纳百川，有容乃大

林则徐曾经说过："海纳百川，有容乃大。"人就像大海一样，只有广泛吸取周围的河流，包容天下的雨水，它才会广阔无垠。如果人不愿像大海一样心胸宽广，而像羊肠小道那样心胸狭窄，不愿意容纳别人的一点过失，他永远都是井底之蛙，看不到广阔的天空。

《金刚经》里讲："一切法得成于忍。"佛陀最高的智慧，来源于忍辱。世间福报也是如此，所谓"吃亏是福"。越不计较个人得失，最终回馈的也就越多！正所谓，海纳百川，有容乃大。让我们学会宽容，互谅互让，生活中才会多一分和谐与幸福，少一分烦恼与仇恨！

宽容是人性中最美丽的花朵，宽容是心理养生的调节阀。人在交往中，吃亏、被误解、受委屈的事总是不可避免地发生，面对这些，最明智的选择就是学会宽容。宽容是一种良好的心理品质；宽容是一种非凡的气度、宽广的胸怀；宽容是一种高贵的品质、崇高的境界；宽容是一种仁爱的光芒、无上的福分；宽容是一种生存的智慧、生活的艺术。

金无足赤，人无完人，对他人的包容，正是建立在对他人的体谅和明白之上。蔺相如对廉颇的包容，成就了"将相和"的佳话；鲍叔牙对管仲的包容，成就了"九合诸候，一匡天下"的壮举；李世民对魏征的包容，成就了"贞观之治"的盛世；而宋朝君主对士子学人的包容，则迎来了继战国之后中国历史上第二次思想解放、文化繁荣的高潮。

明朝年间，山东济阳人董笃行在京城做官。一天，他接到家信，说家里盖房为地基而与邻居发生争吵，希望他能借权力和威望出面解决此事。

董笃行看后马上修书一封，道："千里捎书只为墙，不禁使我笑断肠；你仁我义结近邻，让出两尺又何妨。"

家人读后，觉得董笃行有道理，便主动在建房时让出几尺。而邻居见董家如此，也有所感悟，同样效法。结果两家共让出八尺宽的地方，房子盖成后，就有了一条胡同，世称"仁义胡同"。

人与人相处，难免会有些摩擦与不愉快，僵持不下时，宽容是最有效的解决方法。俗话说："宰相肚里能撑船。"人有了宽容，就有了理性，便不会冲动。

有一个人问上帝：生活中如果有人骂我、欺我、辱我、耻我、轻我、贱我，我当如何处之？上帝说：你只要忍他、宽他、避他、随他、由他、不要理他，静默等候，我自会明断是非。可见，只要你宽容了别人，上帝自然会引你走上一条更宽的路，让你畅游无阻。这道出了人生中宽容的妙处。

在生活中，我们与其同残酷的现实死磕，倒不如修炼强大的内心，强大的内心不是你战胜了自己，征服了世界，而是你包容了他人。我们要学会感念和宽容，放下那些不该有的纠结和执念。当生活的某一条路走到死胡同时，不妨回头，绕道行之，也许你就可以为自己找到一条更加美好的出路。

有位老师发现一位学生上课时时常低着头画些什么，便走过去拿起学生的画，发现画中的人物正是龇牙咧嘴的自己。老师没有发火，只是让学生课后再加工画得更神似一些。从此，那位学生上课时再没有画画，各门功课都学得不错，后来还成为颇有造诣的漫画家。

这位学生后来能有所作为，与当初老师的宽容不无关系，可以说是宽容唤起的潜意识，纠正了他的人生之舵。

莎士比亚在《威尼斯商人》中写道：宽容就像天上的细雨滋润着大地。它赐福于宽容的人，也赐福于被宽容的人。毫无疑问，宽容是美丽的情感，宽容是良好的心态，宽容是崇高的境界。能够宽容别人的人，其心胸像天空一样宽阔、透明，像大海一样浩瀚、深沉。宽容曾经深深伤害过自己的人，以德报怨是宽容的最高境界。

人生路上，经常会遇到很多不合情理的事，我们要以平常心对待。要学会宽容，不能过分计较得失，正因为宽容能够使人的性情懒惰，使心灵有转折退让的余地，还能够化干戈为玉帛，还能简化复杂的人际关系。因此宽容不是软弱而是明白，也是有爱心的表现：宽容是大度，是一种美德，是一种教养，更是一种境界。

古人云：爱人者，人恒爱之；敬人者，人恒敬之。宽容是一种生存的智慧，生活的艺术。懂得宽容的人往往洞明世事、人情练达，看得开、看得深、放得下。只有真正懂得宽容的人，才能扭转不公的现实，化解生活的无奈，收获一生的幸福，快乐地生活。

用幽默化解尴尬，化被动为主动

幽默是一种人生的智慧，体现着乐观积极的处世方式和豁达的人生态度。幽默是社会活动的必备礼品，是活跃社交场气氛的最佳调料。会说话的人一般都懂得使用幽默的语言。在任何场合，拥有良好的幽默口才的人总能赢得他人的好感，获得众多的支持和理解。要想获得众人的欢迎，你必须学会话语幽默。

俄国文学家契诃夫说："不懂得开玩笑的人是没有希望的人！这样的人即使额高七寸、聪明绝顶，也算不上真正有智慧的人。"美国哲学家帕克说："幽默的目的是审美。"我们可以这样理解，幽默是对智慧、聪明和博学的综合运用，使人发笑、惊异或啼笑皆非，使人开心、欢乐。拥有幽默口才的人无论走到哪里，都能把笑声带到那里。

幽默是一门任何人都能掌握的语言艺术。林语堂在论及幽默时说道："幽默是由一个人旷达的心性中自然而然流露出来的，其语言中丝毫没有酸腐偏激的意味。而油腔滑调和矫揉造作，虽能令人一笑，但那只是肤浅的滑稽笑话而已。只有那些巍巍荡荡、朴实自然、全乎人情、合乎人性、机智通达的语言，虽无意幽默，却幽默自现。"的确，幽默的人说出话来虽让人感到如憨似傻，但因心地透明、心境豁达开朗。实质上，在那自嘲自谑或天真稚纯的话语中，我们却能感受到幽默者厚实的天性和无穷的智能。

在与人交往的过程中，当看穿了别人的想法但又不便直说时，不妨神色自若地使用一下幽默，一定能取得意想不到的效果。

在跟几位同伴一起孤筏渡重洋后，挪威探险家托尔海雅达尔感触至深地写道："对一个探险集体来说，在冒险航行的恶劣条件下，开开玩笑、说说笑话的重要性绝不亚于救生圈。"

对幽默的重要性，海雅达尔作了极富幽默感的描述。的确，不管是身负重任的领导者，还是普普通通的平民百姓，幽默感都是一种不可或缺的素质。得体的幽默能制造宽松和谐的交谈气氛，能改善人际关系或摆脱困境，实现完美人生。

英国杰出的剧作家萧伯纳是一个十分幽默的人，他平时的一言一行也都饱含幽默。即使遇到误解与攻击，他也总是用幽默的方式给予反击。

有一天，萧伯纳的新剧本《武器与人》首次演出获得了成功。剧终时，许多观众要求萧伯纳上台接受大家的祝贺，可当他走上舞台时，突然有个人冲到台前，大声喊道："萧伯纳，你的剧本糟透了！收回去，停演吧！"

面对挑衅，萧伯纳没有生气，反而向那个人深深地鞠了一躬，笑着说："我完全赞同你的意见，但我们两个人反对这么多观众有什么用呢？我们俩能禁止这个剧本的演出吗？"

全场顿时哄堂大笑起来，并为萧伯纳的幽默鼓掌。在掌声中，那个挑衅者灰溜溜地走了。

运用幽默进行反击，从表面看来是一种不得已的防守，但却是一种更具有智慧、更有力度的进攻，对方只能无话可说、心服口服。

需要注意的是，幽默不是毫无意义的插科打诨，也不是没有分寸的卖关子、耍嘴皮。幽默要在入情入理之中，引人发笑，给人启迪。

鲁迅先生讲话生动幽默。有一次，几个朋友和他谈起国民党的一个地方官僚下令禁止男女学生同在一个学校上学，同在一个游泳池里游泳的事。

鲁迅先生说："同学同泳，皮肉偶尔相碰，有男女大防。不过禁止之后，男女学生还是一同生活在天地中间，一同呼吸着天地中间的空气。空气从这个男人的鼻孔呼出来，被另一个女人从鼻孔吸进去，淆乱乾坤，实在比皮肉相碰还要坏。要想彻底划清界限，不如再下一道命令，规定男女老幼，一律戴上防毒面具，既禁止空气流通，又防止抛头露面。这样，每个人都是……喏！喏！”

鲁迅先生边说边站起来，模拟戴着防毒面具走路的样子。朋友们笑得前仰后合。

作家王蒙说：“幽默是一种酸、甜、苦、咸、辣混合的味道。它的味道视乎没有痛苦和狂欢强烈。但应该比痛苦和狂欢更耐嚼。”所以，如果有了幽默当调味品，生活就会更有味道。

很多人以为，幽默沟通的本领是与生俱来的，其实，作为一种艺术形式，幽默是可以后天培养的。假如你想尽快掌握幽默说话的艺术，做到说话有品位、有分量、有感染力，就要多加锻炼自己。以下几点建议可以参考一下。

1. 学会微笑

微笑犹如“隐形的武器”，瞬间将对方臣服在自己的脚下而显露无形。一个具有幽默感的人，首先是一个会微笑，会使自己开心的人，你连自己都高兴不起来，怎么去逗乐别人呢？你微笑着向对方讲述的即使是自己的不幸，对方也会大笑，觉得你是在讲一个笑话。所以，要想变得幽默，首先要学会微笑。

2. 态度要友善

幽默是否能使人愉悦，有时还要取决于说话者的心态。如果是出于友善的目的或者为了反击别人，这就能在轻松愉悦中取得想要的效果。但是，如果用来攻击、讽刺或挖苦别人，那么虽然愉悦一时，但为自己留下了后患，对方一定会因为你不尊重他而对你产生怨恨。

3. 说话要分清场合

说话如果不讲场合，小则使人尴尬，重则会失去情谊，甚至还会导致发生不可谅解的矛盾。幽默也要要分清场合，在一些严肃、庄重的场合，就不宜说笑话。美国总统里根在一次国会开会前，为了试试麦克风是否好用，张口便说：“女士先生们请注意，五分钟之后，我们将对苏联进行轰炸。”此语一出，众皆哗然。显然，里根在不恰当的场合和时间里，开了一个极为荒唐的玩笑。为此，前苏联政府对美国提出了强烈的抗议。可见，在庄重或严肃的场合里说话一定要注意。

4. 加强学习、提高修养

知识丰富了，修养提高了，认识问题、分析问题的能力和判断事物、表达思想的能力就会跟着一起提高。这时，说出的话就会更有水准，能够一言切中要害，让别人入脑入心。所以，我们可以多看些搞笑的视频和书籍，比如看看卓别林大师的作品，还有憨豆先生的或者是周星驰的电影等，都可以增加我们的幽默细胞。

总之，培养幽默感不是一朝一夕的事情，一定要坚持，慢慢积累素材，长年累月的训练，慢慢地在不知不觉中你就会变得幽默起来。

宽容大度，才能和谐圆满

人生的道路很漫长，在生命的旅程中，我们会遇到很多挫折和困难，也会遇到许多的误解和不快，这时候的你要学会宽容。只有懂得宽容，友谊才能天长地久；只有懂得宽容，爱情才能幸福美满；只有懂得宽容，世界才能和谐美丽。不得不说，宽容是一种美德，是一种修养，是一种胸怀，是一种非凡的气度，是对人对事的包容和接纳。

《尚书》有云："有容，德乃大。"宽容大度，方能和谐圆满，历代的圣贤人士都把宽恕容人视为一种难得的品德。宽容是一种博大的胸怀，是一种崇高的美德。在处世中不搞唯我独尊，对不一样的观点、行为要予以明白和尊重，即使自己有理，也不能咄咄逼人，得理不让，把自己的观点和行为强加给别人，要尊重他人的自由选取。尊重别人就是尊重自己，宽容别人，才会给自己带来广阔的天空。

拿破仑是一位著名的领袖，在政治上、军事上，他都有一定的建树和成就贡献。有一天夜晚，他外出巡查，走到一处看到站岗的士兵在大树下睡着了。于是，他便默默地弯下腰，将士兵的佩剑捡起来扛在身上，替士兵站岗。

半小时后，士兵悠然醒来，认出了站在自己身旁的人是拿破仑，他感到十分的恐慌。但拿破仑却对他说："这点小事不必紧张，休息一下是应该的，我正好也没事做，就为你们服务一下吧。"

拿破仑的一番话叫人拍手称赞，他不愧是一个有格局的人，他对士兵的宽容起到了很大的作用，不仅凝聚了军心，也增强了士兵们的战斗力。这也是他一路获胜的原因之一。拿破仑反之，则军心溃散不战而败。

不得不说，宽容为怀是解决问题的最好途径。待到你的勇敢战胜了一个个困难，你的慎重一再避免了失误，你的真情融化了别人心头的坚冰，你的灵活使处境化险为夷、转危为安，你的让步给双方带来了广阔的天地，你的赞美得到了公众一致认可，人们便会更加明白你、信任你。

古希腊神话里有这样一个传说：

太阳神阿波罗的儿子法厄同驾起装饰豪华的太阳车横冲直撞，恣意驰骋。当他来到一处悬崖峭壁时，恰好与月亮车相遇。月亮车正欲掉头退回，法厄同倚仗太阳车辕粗、力量大的优势，一直逼到月亮车的尾部，不给对方留下一点回旋的余地。

正当法厄同看着难以自保的月亮车幸灾乐祸时，他自己的太阳车也走到了绝路上，连掉转车头的余地都没有了。向前进一步是危险，向后退一步是灾难，最终万般无奈地葬身火海。

法厄同之所以葬身火海，其原因就是他恣意妄为，做事太绝，不给别人留余地。

做人一定要给对方留余地，这不仅能表现你的宽容，更为重要的是，给自己留一条后路。留有余地，就不会把事情做绝，你便有回旋的余地，如果将来有什么事情发生，你就可以从容转身，使自己能够进退自如。不留余地好比棋的僵局，即使没有输，也无法再走下去了。

“相逢一笑泯恩仇”是宽容的最高境界。事实上这一美德做得到的人并不多，即使如此，我们也不应放下这种追求，正因忘却别人的过失，以宽容的心态对人、以宽阔胸怀回报社会，是一种利人利己、有益社会的良循环。

当然，学会宽容并不是无原则地放纵，也不是忍气吞声、逆来顺受。宽容是一种有益的生活态度、是一种君子之风。学会宽容就会善于发现事物的完美，感受生活的美好。就让我们以坦荡的心境、开阔的胸怀来应对生活，让原本平淡、烦躁、激愤的生活散发出迷人的光彩。

总之，一个人胸怀宽广、性格豁达，才能纵横驰骋。若纠缠于无谓鸡虫之争，非但有失儒雅，还会终日郁郁寡欢，神魂不定。唯有对世事时时心平气和、宽容大度，才能和谐圆满。

舍小利，才能谋长远

韩非子曾说："毋见小利。见小利，则大事不成。"有时为了顾全大局，保护更大的利益，需要学会暂时舍弃较小的利益。正所谓"两弊相衡取其轻，两利相权取其重"。要想有所作为，就不能贪图一时一事的小利。而失败者的致命弱点是难以割舍小利，舍不得放下眼前的好处，最终舍弃了更加长远的目标。

古代著名文人柳宗元曾写过一篇题为《蝜蝂传》的文章，读后给人以深刻的启迪。

蝜蝂是一种昆虫，长得十分弱小。它本来应该有自知之明，知足常乐，可是却因为贪心太重，而给活活累死。蝜蝂在爬行的时候，贪婪的双眼四处张望，只要是看到了自己的中意之物，就会毫不犹豫地将其驮在背上。而它所喜欢的东西实在太多了，结果身体不堪负重，最后一命呜呼。不愿舍弃，到头来为物所累而丢了性命，人财两空，岂不悲哉。

佛家有云："舍得，有舍有得，大舍大得，欲求有得，先学施舍。"这句话阐释的正是舍与得的关系。舍与得看似矛盾对立，但又和谐统一，密切相关。有时候，舍弃是为了更好地得到，有时候，得到是为了不舍弃。

1963年，17岁的少年比尔·克林顿在白宫玫瑰园里见到了肯尼迪总统。握手的一瞬间，他冒出一个疯狂的念头：我也要做白宫的主人。此后，克林顿却连续三次放弃去华盛顿。

1973年，他从耶鲁大学法学院毕业，华盛顿一些政治大佬看上了他为民主党总统候选人麦戈文助选的经历，邀请他去工作。克林顿考虑了

10 天后拒绝了，他厌倦了给别人拉票。1974 年，他萌生了参选阿肯色州联邦众议员的想法。此时，一个名叫约翰·多尔的老朋友打来电话：“我现在是联邦众议院首席顾问，负责调查尼克松总统是否应受弹劾一事，需要年轻律师，你快来华盛顿吧。”这一次，克林顿只考虑一天，就谢绝了。1975 年底，支持者们建议克林顿参加国会议员竞选。一个小时后，克林顿就说了“不”。他决定竞选州检察长，最终他成功了。1978 年他又成为美国历史上最年轻的州长，并连任 5 次。

1992 年，从未在华盛顿政坛“混”过的克林顿，成为白宫主人。回首往事，他说：“决定人生的并不是你选择了什么，而是你选择放弃什么。如果当初我去了华盛顿，我后来根本不可能当选总统。”

可见，我们要学会放弃，像克林顿那样放弃焦躁性急的心理，安然地等候生活的转机。

丹麦人钓鱼会拿把尺子量一量钓到的鱼，将尺寸不够的鱼放归河中。有人或许会对这一做法生疑，辛苦钓到的鱼为何还要放回去，多可惜。其实，这却是丹麦人智慧的做法，把小鱼放回河中，日后才钓得到更多的大鱼。这就是“舍小利以谋远”的体现，不局限于眼前的“所得”而是思虑日后的保障，这才能得到日后的丰收。

要想装进一杯新泉，就必须倒掉已有的陈水；要想取一枝玫瑰，就必须放弃到手的蔷薇；要想多一分独有的体验，就必须多一分心灵的创伤。属于你的，跑不掉；不属于你的，捕捉不到。放弃之后，你会感到一身轻松。你只要珍惜拥有的，把握拥有的，就足够了。

无数事实表明，一个人只有深谋远虑，从整体上分析和进行判断，顾全大局，舍小取大，才能做出正确的选择和决策。如果目光短浅，为小利所蒙蔽，就容易招致灾祸。有时，为了顾全大局，保护更大的利益，需要学会舍弃相对较小的利益。

放下干戈，手握玉帛

在痛苦、迷茫、沮丧时，我们往往寻求他人的宽慰。反而忽略了自身最智慧的心灵疗法——豁达。豁达能治愈你心灵上的病痛，帮你找回自我，振奋精神，在人生的征途中披荆斩棘、逢凶化吉。豁达是一种特质，它一部分来源于性格，但更多的源于修养。豁达是一种生活态度，面对世事沉浮，想要“胜似闲庭信步”，就得有豁达的胸襟。如此，才不会被生活的各种纷繁经历所困扰。

性情豁达的人胸襟宽阔，拥有大格局。坦坦荡荡，身正为范，壁立千仞，无欲则刚，金钱名利浮云过，我心自有明月在。他们不会抱怨生活不公平，更不会在意他人的眼光，他们拥有吞吐宇宙的心胸，懂得尊重他人，同时提升自己。他们能够从容淡定地应对人生的沉浮，即便是遭受生活的打压，也绝不会投降或者逃避，他们的能力会随着强大的内心越来越强，在苦难的锻炼下变得更坚强。

性情豁达的人，能表现出一种大度、开朗、宠辱不惊的淡定。豁达的人对生活充满希望，能够乐观面对遇到的挫折。每个人都在追求豁达，但真正豁达的人只是少数。因为豁达体现的是一个人的修养和境界。

东汉大臣孟敏，年轻的时候曾卖过甑。一次，他的担子掉在地上，甑被摔碎了，他头也不回地径自离去。有人问他：“坏甑可惜，何以不顾？”孟敏回答：“甑已破矣，顾之何益？”

一个人的快乐并非因为他拥有的多，而是因为他计较的少。用豁达的心看待世界，你会发现，原来一切都是美好的。追求豁达，告别狭隘，告别妒忌，告别猜疑；心中有爱，有容人之量，才能善于发现美，发现世间大爱。

美国钢铁大王卡耐基创业之初办了一个成人教育班。过了一段时间，他发现此举并不成功。这时，一位长者对他说："不要为打翻的牛奶哭泣。"这句话如醍醐灌顶，卡耐基的苦恼顿时消失，精神也振作起来，这才有了日后的成功。

豁达的人，不计较一城一地的得失，得之淡然，失之泰然，故能成大事。

有一次，曾任美国总统的富兰克林·罗斯福家中失盗，被偷了很多东西。他的朋友写信安慰他。罗斯福回信说："谢谢你来信安慰我，我现在很平安。首先，贼偷去的是我的东西，而没有伤害我的生命；其次，贼偷去我部分东西，而不是全部；再次，最值得庆幸的是，做贼的是他，而不是我。"

月有阴晴圆缺，人有旦夕祸福。人生在世，总是有得有失，既然得失难测，祸福无常，何不豁达洒脱一些？

在生活中，有许多的糟糕事，听了不如不听，见了不如不见，要有盲者、聋者的智慧，去听无声之声，去看无色之色，当我们闭上双眼，即看到心中的世界美轮美奂；当我们掩上双耳，即听到大自然生机盎然的勃发之声。

有些事情换一个角度，你就会越想越宽。豁达地面对生活并非难事，只要心存感恩，对世间万物真诚相待，就能做到超然洒脱，豁达心安。

总之，活在凡尘俗世要看得开，放得下，悟得透，握得住，才能超然洒脱，才能豁然心安。放松自己的心态，不必太在乎得与失，就会发现生活的美好，生活里有许多可以追寻的东西和乐趣。

保持一颗平常心

在生活和工作中，我们会碰到各种各样的人，每个人既有优点，又有缺点。如果不静下心来观察分析，在与人打交道时，很容易在某些小事上与人发生摩擦，产生矛盾。使自我陷入不利的局面。

曾有一个同学，他的心态很不好，总爱找别人的问题，指责别人这也不是，那也不是，结果使自我到处碰壁，事事不顺。只要有人提起他，大家都会不约而同地摇头。这就是心态不平静造成的后果。如果有一颗平常心，就会冷静地思考，就能一分为二地看待别人，即使有不妥当的地方，也容易发现自我的问题，及时做出调整和改正，不至于对人产生偏见，使自我处于被动局面。

人生在世，不可能一帆风顺，种种失败与无奈都需要我们把封闭的心灵之门敞开，勇敢地面对、旷达地处理并感谢生活给予我们的一切美好和不幸。因为那都是我们的财富。当我们遭遇不公平时，要打开心结，找到平衡的心态，以平常心、进取心来改变自己的生活和工作，这样才能通向成功的彼岸。

一棵生长在果园的梨树，它伸展着枝丫，拼命地生长，想要沐浴更多的阳光，结出更多的果子。谁都不能否认梨树的努力，它把根扎得很深，就是为了吸取更多的养料。

然而，第一年，它只结了 10 个梨子，这么一点点的收成，还被人拿走了 9 个，它自己只得到 1 个。明明是自己孕育的果实，怎么却被别人拿走那么多，这个世界如此的不公平，总有人不劳而获，于是梨树拒绝成长。

到了第二年，它只结了5个梨子，其中有4个被拿走，自己还是只得到1个。“哈哈，去年我得到了10%，今年得到20%！翻了一番呢！”梨树这样想，心理似乎得到了平衡。如果梨树能够继续努力地生长，它结100个果子，被拿走90个，自己还能得到10个。也很可能被拿走99个，自己得到1个。但没关系，它还可以继续成长，第三年结1000个果子……

长此以往，等梨树长大的时候，那些曾阻碍它收获的力量，那些不公平，都微不足道了。可是这棵梨树没有这样做，它拒绝继续付出努力，变成了一棵不成材的梨树，最终逃脱不了被砍掉当柴火的命运。

生命是一个不断成长的过程，如果你停止了生长，那无疑等于自己先放弃了生命的价值。任何时候，任何情况下，牢骚和不满不会对你有任何帮助，你的成长会比你现在的收获要重要得多。

人世之中，平常心是一种不可小视的力量。拥有平常心之人，总是仁慈、宽容、淡泊，不失乐观，他们不会将精力纠缠于蝇头小利与恩怨计较之中，能够充分享受到生活的乐趣，保持平常心之人，从学虚荣，虚伪和虚假，能够正视自己的缺点和不足，从而做事更加完美；坚守平常心之人，更是胸襟宽广，度量乃大，做人光明磊落、坦坦荡荡，深得身边人的信任和拥护。

平常心是一种处世方法，更是一种人生态度。学会了坚守平常心，就学会了如何与人相处，也就学会了化解怨恨与仇恨。有了平常心的坚守，就有了面临窘境时的淡定从容，也就有了人与人之间的淡然相处，谦谦君子的淡交之谊。

平常心也是一种淡然心态，更是获得人生幸福之道。我们需要平常心来感受真实、陶冶情操，体味平淡琐碎中的缕缕深情；我们需要平常心来独守孤独寂寞，走过泥泞风雨，潜心播种与耕耘；我们也需要平常心来抚慰创伤、化解恩怨、梳理愁绪，擦净心灵上的污垢。保持一颗平常心，让我们多一些生活的情趣，少一些厌世的情绪。

平常心，说到底就是吃饭好好吃，睡觉好好睡，做事当认真，为人不计较。但是，为何如此简单的事情许多人却很难做到呢？那是因为人们在生存竞争的巨大压力下、在名与利的多重诱惑下，滋长了自私、贪欲、痴迷、浮躁、报复、好胜、狂妄等种种不良心态，从而打破了一颗平常心，导致痛苦、烦恼和噩运纷沓而来。

莫泊桑曾经说过，人生既不是想象中的那么好，也不是想象中的那么糟。只要你保持微笑，达观待之，不耽于梦想，不被它左右，以一种平常恬静的心态去品味与珍惜生活中的酸甜苦辣，去看透并超越人世间的成败得失，积极进取，就能在平凡之中创出不平凡的业绩，快乐幸福地过一生。

第十一章

志向：决定一个人格局大小的关键

拥有什么样的志向，造就什么样的人生。志向决定了一个人的格局大小，对一个人的事业发展非常重要。有大志向的人不会让自己得过且过，不仅胸怀大志，还会从点滴做起，能耐住今天的寂寞，集中精力支配自己的时间。

大格局才有大作为

一个人的发展往往会受到局限，其实“局限”就是指格局太小，为其所限。谋大事者必要有大志向，布大局。用大格局，即以大视角切入人生，才能站得更高、看得更远、做得更大。

大格局决定着事情发展的方向，掌控了大格局，也就掌控了局势。如果一个人心里装的是国家、民族和人民这样的大格局，有崇高的理想信念，人生的舞台就会无限宽广，生命也能绽放出绚丽之花；如果心里装的是自己的“五斗米”，格局小就容易固守狭小的利益藩篱、患得患失，成就不了大事。

国学大师钱穆曾经游览一座古刹，看到一个小沙尼在一棵历经500年的古松旁种夹竹桃。他感慨地说：“当年的僧人选择松树时，就已经遥想百年后的松树才能衬托出寺庙的宏伟，而今天的沙尼眼光仅仅看到明年，看来此古刹气数已尽啊！”大事难成，是因为心中的格局太小。古今中外，能成就一番伟业的，往往是那些做人大气，做事洒脱的有大格局的人。

张良未雨绸缪、高瞻远瞩、视野宽广，故赢得汉高祖刘邦“夫运筹帷幄之中，决胜千里之外”；唐太宗李世民志向远大、胸襟开阔、宽厚仁慈，故能开创大唐盛世，令四夷宾服，成为旷古少有的真正的英雄；美国总统林肯宽容豁达、品格高尚、幽默风趣，兢兢业业地为美国人民的自由、公正、幸福而工作，所以在美国人民的心里，他是分量很重的一位总统……

可见，大气和洒脱是一种修养，一种底蕴，一种境界，用《论语》中话说即“仁而无忧”。一个健康向上的大气者，为人胸襟坦荡，行为洒脱，对人有爱，魅力无穷；做事心里装着大局，善于把握大局，一切从大局出发，眼界宽阔，总能站高一步，未雨绸缪，成就大事。

爱因斯坦说过：“我从来不把安逸和享乐看作是生活的目的——这种理论，我把它叫作猪栏式的理想。”如果活着只知道吃喝玩乐，工作只是做一天和尚撞一天钟，那就如同行尸走肉。如果内心格局大，复杂的工作生活也能变得简单起来，朝着理想的方向不断前进。如果内心格局小，一遇到困难和风险，就容易退缩、裹足不前，什么事都做不好，人生便失去了方向。

做人不能图一时之乐，需有大格局，而大格局要有大抱负。

西汉时，儿宽在廷尉张汤府上当差。下班后，府吏们都喜欢喝酒玩牌。儿宽却一有时间就埋头读书。有个文书挖苦他说：“你就玩会儿吧！你再怎么学，也不过是抄抄写写罢了，这辈子就这样了。”儿宽却说：“大丈夫当以天下为己任，真英雄欲为万世开太平！”任凭别人怎么劝，儿宽就是不肯入酒局饭桌，一心埋头读书。

过了几年，有一次，汉武帝对张汤的一个奏折很不满意，吓得张汤诚惶诚恐，回来后就把文书臭骂一顿。文书愁眉不展，儿宽拿过奏折一看，指出了问题所在。文书哀求：“你就帮着写写吧。”儿宽文不加点，片刻便写好了。奏折让汉武帝眼前一亮，得知是儿宽所写，亲自召见了他，先任命他为左内史，后又升任御史大夫。

心若无大志向，不可能耐得住寂寞，静下心来为自己充电；胸无大抱负，不可能无视种种诱惑，默默耕耘。没有大格局，难成大抱负。

历史总是要前进的，历史从来不等待一切犹豫者、观望者、懈怠者、软弱者。只有与历史同步伐、与时代共命运的人，才能赢得光明的未来。我们每一个人都应该胸怀历史与时代的大格局，坚定理想信念，担当历史与时代的使命，不忘初心、继续前进。

志向决定了一个人的格局大小

没有理想信念，理想信念不坚定，精神上就会“缺钙”，就会得“软骨病”。理想信念源于个人内心的格局。

一个人要想有所成就，立志是首要的，有了远大的志向，就不会甘愿成为不入流的闲人。正如曾国藩所说，“士人第一要有志，第二要有识，第三要有恒。有志则不甘为下流；有识则知学问无尽，不敢以一得自足；有恒则断无不成之事。三者缺一不可。”

的确，拥有什么样的理想，就能造就什么样的人生。理想是人生的导航，是事业的基石，是前进路上的指南针。一个没有理想的人就像断了线的风筝，只会在空中东摇西摆，找不到自己的方向，而有理想又努力奋斗的人会取得举世瞩目的成绩。

一个没有志向的人，不可能有明确的目标；反之，志向则是人生前进的内在动力。一个人的志向不是天生的，都是在后天的生活中确立起来的。曾国藩说，人如果能立志，他就可以做圣人，做豪杰，没有什么做不到的事情。而当一个人没有了志向，丧失了进取心的时候，想成才，无疑是白日做梦。

《后汉书》中说：“志不求易，事不避难。”有大抱负，才有大动力、大毅力、大魄力，也才会有“会当凌绝顶，一览众山小”的大境界。所谓大抱负不是好大喜功，不是好高骛远，而是放眼天下，志在四方，“先天下之忧而忧，后天下之乐而乐”。有这样的胸怀和气度，你才能看轻自己所看重的，看重天下所看轻的。

曾国藩一生强调立志。他说："从古帝王将相，无人不由自立自强做出，即为圣贤者，亦各有自立自强之道，故能独立不惧，确乎不拔。昔余往年在京，好与诸有大名大位者为仇，亦未始无挺然特立不畏强御之意。近来见得天地之道，刚柔互用，不可偏废，太柔则靡，太刚则折。刚非暴虐之谓也，强矫而已；柔非卑弱之谓也，谦退而已。趋事赴公，则当强矫，争名逐利，则当谦退；出与人物应接，则当强矫；入与妻孥享受，则当谦退。若一面建功立业，外享大名，一面求田问舍，内图厚实，二者皆有盈满之象，全无谦退之意，则断不能久。"

毫无疑问，志向决定了一个人的格局大小，对一个人的事业发展非常重要。曾国藩有自己的远大志向——"有民胞物与之量，有内圣外王之业，而后不忝于父母之所生，不愧为天地之完人"。在这样的志向激励下，曾国藩在国家危难之际办起团练，拉起湘军与太平军展开殊死搏斗，几挫几起，最终获得胜利。他还办洋务，倡海禁，励精图治，以至成为清朝的"中兴之臣"。

宋朝大文学家范仲淹年幼的时候家里十分贫困，家里拿不出多余的钱供他上学。但是范仲淹不甘平庸，跑到寺院僧房里去读书学习。在僧房学习的时候，范仲淹经常把自己关在屋里，废寝忘食地读书。

范仲淹的衣食起居条件非常简陋，他每天晚上都用糙米熬一碗粥饭，到了早上粥饭凝固了，就拿刀把粥饭切割成四块，早上吃两块，晚上吃两块。即使生活如此艰苦，依然不能磨灭范仲淹的志向，他还是一如往常地努力读书。

范仲淹的一个同学给范仲淹带去一些鱼肉，让他能补补身体，更好地读书。范仲淹坚定地说："谢谢你，但是我不能要，我认为吃简陋的饭更能磨炼我的意志。无功不受禄，请你还是拿回去吧！"那位同学以为范仲淹是不好意思才没有接受的，于是，就把鱼肉放下了。

几天后，那名同学又来看望范仲淹，发现送给范仲淹的鱼肉丝毫没动，而且已经变质发霉了，他生气地说："我好心给你东西吃，你还不领情。现在东西都变坏了，这不是浪费粮食吗？"范仲淹赶忙解释说："并不是我想让这些东西坏掉，只是我过惯了艰苦的生活。如果我吃了这些美味佳肴，等到以后我再过回艰苦的日子就不习惯了，你的一番好意我心领了！”

经过刻苦的学习，范仲淹成为我国古代著名的文学家和政治家，他人穷志坚的故事也流传至今，成为鼓舞和激励后世学子们强大的精神力量。

人生不可能顺风顺水，遭到挫折是必然的。内心格局的大小，决定一个人战胜挫折的能力。人顺境时或许感觉不到内心格局大小的重要性，但一遭到逆境，格局大小的差异就立马显现。格局小的人很容易被困难和挫折击倒，因为他们心里就只装着眼前的得失。相反，内心格局大的人，眼光长远，他们把困难和挫折当成生命中的一部分，在战胜困难的征途上，他们越挫越勇，变得更加强大。范仲淹之所以能忍受艰苦的生活，最后取得成功，与他有大格局、自立自强是分不开的。

高尔基说：“一个人追求的目标越高，他的才力就发展得越快。”是的，你认为自己是什么，最终你就会是什么。不论过去如何，那都不重要，重要的是你对未来必须充满期望。因为一颗充满希望的心灵，具有极大的创造力，这种创造力会发挥人的长处，实现人的理想。

不要自己把路走窄了

我们经常会看到一些身怀绝技的天才，他们身上有着别人无法超越的优点，但是他们的人生却是失败的。很多人认为这些人受到了上天的捉弄和命运的嘲笑。实际上，他们失败的原因不是别的，而是因为他们把路走“窄”了。

一个人若想成功，除了具备创新的眼光，培养良好的心态外，还要有宽广的胸怀，树立远大的志向，让人生有重大的生存意义。人生的奋斗目标明确了，才能很好地规划人生的大格局。明确的目标是人生的路线图，是指引前进的路标，是成就自己的使命，是制定事业成长的战略。

当一个人选择了一个比较低的目标之后，他的人生格局就会变小，他所选择的道路也就变得很窄，他的人生也将会毫无亮色。一辈子不多，只此一次；一辈子不长，就几十年。你不是别人人生的试验品，你有自己的人生。好好对自己，不要遗憾，不要后悔，不要怕寂寞，只要心中有了目标，认清前进的方向，就能追求自己想要的生活，找到属于自己的归宿与生存价值。

力克·胡哲出生时罹患海豹肢症，天生没有四肢，曾经三次尝试自杀。10岁那年，他第一次意识到“人要为自己的快乐负责”。从此，他不再抱怨命运的不公，快乐地生活。

他是澳大利亚第一批进入主流学校的残障儿童，也是高中第一位竞选学生会主席的残障者，并获得压倒性胜利，被当地报纸封为“勇气主席”。他是第一位登上《冲浪客》杂志封面的菜鸟冲浪客，在夏威夷与海龟游泳，在哥伦比亚潜水；踢足球、溜滑板、打高尔夫球样样行。

21岁大学毕业后，力克·胡哲取得会计及财务规划双学位，熟稔投资，并拥有自己的公司。他在2005年被提名为澳洲年度青年楷模。出版过两张畅销全球的DVD，写了一本书，为他量身打造的电影《蝴蝶马戏团》则在2009年获“门柱影片计划”最大奖。

力克·胡哲的故事告诉我们，人生最可悲的并非失去四肢，而是没有生存希望及目标！人们经常埋怨什么也做不来，但如果我们只记挂着想拥有或欠缺的东西，而不去珍惜所拥有的，那根本改变不了问题！真正改变命运的，并不是我们的机遇，而是我们的态度。

在现实生活中，有很多人尽管身上存在着很多优点，但是他们却习惯了从事那些碌碌无为的工作，认为自己只适合这样的工作，因此就选择了平庸的生活方式，脑子里也就没有了成功的概念。他们这样做，同样是把路走窄了的表现。其实，只要他们能够正视自己，成功并不是想象中的那么难。

马磊在高中毕业之后做了卖啤酒的业务员，他觉得这是一个可以长期从事的职业，于是就把自己的人生定在了卖啤酒上。工作了几年，有人劝说他做点别的更能发财的工作，但是他却说：“过去我一直卖啤酒，除了这个，别的我什么也不会呀。”

后来，他所在的城市里拥有了自己品牌的啤酒厂，对外地啤酒的需求量大幅度减少，马磊的业务也越来越难做了，最终公司倒闭了。马磊失业后心情十分苦闷。十多年来，他所从事的工作就是卖啤酒，除此之外，他真不知道自己能够做什么。

有一天，他参加了一个同学聚会。同学们了解了他的遭遇之后，在同情之余又感到迷惑不解：像他这种组织能力、交际能力比较强的人，是不应该如此悲惨的。于是，大家就纷纷为他出谋划策。大家的帮助让马磊茅塞顿开，抛弃了原来狭隘的想法，准备从事新的职业。

后来，马磊进入一家销售公司后，在较短的时间内就为公司带来巨额的利润，同时也给自己带来了成功的喜悦。

可见，一个人所取得成就的大小取决于他所走的道路。如果他的目标比较远大，他的路就会越走越宽；如果他的目标非常低，那么他的路就会越走越窄。我们要想取得辉煌的事业，就不能被现实所迷惑，要敢于为自己树立一个大的目标，确立一个大的人生格局。

可以平凡，但不能平庸

大千世界，芸芸众生，成就非凡的人是少数，大奸大恶、民怨沸腾、遗臭万年的人也是少数。处于大千世界，人们大多岗位平凡、角色普通、生活平淡，可谓每天“为了生活而奔波、奋斗”。

然而，平凡并不等于平庸。一个人可以平凡，但不能平庸。平凡的人，可以无过人之才，可以默默无闻，但不能不知道为什么而活，不能没有理想与追求，不能消极悲观无所作为。平凡与平庸，既有共性，也有个性。共性在于两者都平平常常、普普通通。个性在于平凡是中性的，指人有一颗平常心，在普通的岗位上兢兢业业地生活和工作。

曾读过有这样一个小故事：

杜鲁门当选总统后不久，有一位客人前来拜访他的母亲。客人称赞道：“有总统这样的儿子，您一定感到十分自豪吧。”

杜鲁门的母亲赞同地说：“是这样的。不过，我还有一个儿子，也同样使我感到自豪，他现在正在地里刨土豆。”

这真是一位伟大的母亲。其实，生活原本也是这样。红花绿叶，各有其妙。只要不平庸，平凡和伟大一样令人自豪。

伟大来自平凡。许多伟大的事业或成就都是通过不经意的小事不断的积累而来的。人类社会如此，大自然也是如此。平凡，你有可能仅仅平凡一时；平庸，你注定会平庸一世！我们一定不能平庸，因为平庸的你只会选择随波逐流，自暴自弃！

在生活中，总有一些人在年轻时意气风发壮志满满，随着时境的变迁和各种莫名而无奈的原因耽搁了自己的梦想，在开始时还心有不甘，却慢慢地被生活的琐碎磨平了一切改变现状的意念，安于平庸且自我麻痹。当然，也有一些人虽然因为无奈和琐碎暂时搁置了梦想，却从未在心底真正放弃。他们默默坚持，厚积薄发，变成自己想要的样子，给自己一个理想的人生。我们应该成为后面这种人，为自己的梦想坚持不懈地努力，才不枉此生。

使一个人平庸的原因只会是他的心态，这就像在一场田径比赛中，没有人认为最后一名是平庸的，因为他在奔跑，他的血液沸腾着，他的目光是灼热的，我们几乎很少看到比赛中的最后一名满脸羞愧，他以同样的尊严与热情跑过终点。而一个连上场跑一跑的勇气都没有的人，一个以消极心态面对平凡的人，才是一个真正的平庸者，其悲哀是他将永远是这个世界的看客，而自己一无所有。

我们可以做一个平凡的人，但不能做一个平庸的人！平凡和平庸的区别之处在于：平凡的人把工作做成伟大，平庸的人使工作变得卑下。平凡与平庸，一字之差，差在心情态度，差在习惯和认同，差在承担和逃避。

平凡与平庸是一种心态，到底选择做一个平凡的人还是平庸的人，完全取决于自己的心境。不能好高骛远，平凡是生命的常态，任何伟大的工程都始于一砖一瓦、一跬一步的累积，都需要我们以尽职尽责的精神去一点一滴地完成。

一个公司与企业成功的运作，离不开平凡的人在平凡的岗位上做出的点点滴滴的成绩。我们在工作中不能做挑水的和尚“一个和尚有水喝，两个和尚挑水喝，三个和尚没水喝”，而是应该做凝聚力很强的蚂蚁团队，在工作中善于照顾公司和团队的大局，而不是做那种专门工于心计、爱在背后打小报告、整天无事生非的平庸小人。

有一首歌的歌词说得好：不经历风雨，怎么见彩虹，没有人能够随随便便成功。也有一句话说得好：王侯将相宁有种乎！所以说，成功的人都是从平凡中一点一滴的希望和努力中一步一步走过来的。所以说，我们可以平凡，但一定不能平庸！

每天努力一点点

“努力即是成功的开端”，是一个最简单也最为通行的人生行动法则。不管你是一个什么样的人，只要渴求早日把“成功”两字贴在自己的人生簿上，那么就应当毫无保留地去努力——用心思考行动计划、全力去完成心中的目标。这正如美国著名行动大师杜勒姆所说：“天下没有不努力的成功，要么是不劳而获，要么是不期而遇。但它们都不是你真正的成功地图。相信自己的努力，就等于相信自己付出之后必有回报。因此，多一次努力，就多一次逼近成功的堡垒。”

哈佛大学的老师常在课堂上对学生说：“成功不是一蹴而就的，如果我们每天都能让自己进步一点点——哪怕是 1% 的进步，那么还有什么能阻挡得了我们最终走向成功呢？”每天进步一点点，并不是很难实现。也许昨天的“我”努力获得了可喜的成绩，但今天的我必须超越昨天的“我”，更加进步和充实。

对于绝大多数人来说，尽管他们懂得“只要付出就有回报”的人生道理，但一旦遇到自己面临具体的某一件事，就将这一个“努力法则”抛置脑后，总想靠“另辟路径”的方式找到一条捷径，以便用最小的付出获得最大的回报。其实，这是一种“投机战术”。成功的人生需要机遇，但不需要投机，因为投机只能为你换来一两天的“食粮”，并不能满足你一辈子的“补给”。

有很多人非常急躁，什么事都想做，结果反倒欲速则不达。善于思考的人，通常不是一步到位，而是每天都比前一天做得更好。这样的人，早晚都会成为精英中的一员。比如，跑100米不可能像撑杆跳一样，一下子就跳过去。100米的终点处有一根红绳，那就是目标。而具体实施中，100米应该分为5段，每一段怎么跑，跑多久都应该有所安排，尤其是在起跑线上，手怎么摆，脚怎么迈，眼睛怎么看，甚至屁股怎么撅起来，都非常重要。

在人生的道路上，每天前进一点点，就是稳健的、持续的前进过程。“不进则退”，只要是在前进，无论前进多么小的一点都无妨，但一定要比昨天前进一点点。人生也必须每天持续小小的努力，才能有所成就。只要我们每天进步一点点，一年就进步365个一点点，持续这样做，人生中任何一点点差距都有可能在几年后相差十万八千里。

小雯从小就热爱学习，她在学习的过程中能够不断享受创造的快乐，正是因为这种快乐，帮助她取得了优异的成绩，这也为她获得美好幸福的未来生活打下了坚实的基础。大学毕业后，小雯到一家著名公司工作，她能够在工作的过程之中享受取得事业的进步。不久后，她获得了一份爱情，两人共同享受着爱情美好的同时，也帮助彼此共同成长与发展……她感觉自己很幸福。

可见，一个真正快乐的人，会在自己觉得有意义的生活方式里享受它的点点滴滴，而幸福就在我们每一个人的手边，只需每天努力一点点，就能让你觉得活在了蜜罐里。

每天努力一点点，听起来好像没有冲天的气魄，没有诱人的硕果，没有轰动的声势，可细细琢磨一下，却说出了做人做事要始终如一、求真务实的道理。每天努力一点点，是从小成功到大成功的日积月累；每天努力一点点，是自信心的聚少成多；每天努力一点点，是实现完美人生的最佳路径。

踏踏实实做事，实实在在做人

人活着得干些什么才能够对得起自己，人活着就得踏踏实实地做一些好事，做一些力所能及的好事，做一些对这个社会、对身边的人有益的事情。一个人如果能够明白这个道理，生活也许就会少很多迷惑和虚无缥缈，多一份安全感和一份实实在在的感觉，并且人生也会因此变得充实而有成就感。

英国作家狄更斯曾经说过："一个健全的心态，比一百种智慧都更有力量。"这告诉我们一个真理：有什么样的心态，就会有什么样的人生。因此，想要获得真正的快乐和终身的幸福，你必须把各种不健康的心态统统赶出你的内心，净化你的心灵，选择积极的心态，踏实的感觉才会与你相伴。所以，我们一定要调整自己的心态，提高应付挫折与干扰的能力，增强社会适应力。如此，自信心便会一点一滴地积累，踏实的感觉自然就会在心底慢慢滋生。

踏踏实实做事，实实在在做人，是一个人立身安命之本。习主席说过：要笃实，扎扎实实干事，踏踏实实做人。社会发展得越快，人们就难免变得有些漂浮了，对比于埋头苦干，更受大众欢迎的是快速取得结果的捷径，但是你可以确定这个果实是完好的吗？所以，不管是做人还是做事我们需要的是踏实的态度，一步一个脚印，积蓄力量，登上顶峰。

人生总有坎坷、起伏不定的时候，无论发生什么都要学着坚强。唯有自强不息，才能生生不息。任何事情都有两面性有失必有得。但任何事情都不是一日就能做好的，看你的恒心和毅力够不够强了。

用心做事和不用心做事的人所创造的个人财富、社会价值和受人尊敬的程度也截然不同。只有用心去对待事情，对待工作，才能离成功更近一步。

马卡姆在很小的时候就失去了父亲。面对生活的艰辛，他并没有沮丧抱怨，而是努力地工作。他的第一份工作是送信。年纪还很小的他，竟然在三年中没有发生过一次失误。他一直希望自己能有机会在铁路上工作。为此，他开始学习和铁路有关的知识。后来，他被派去专门打扫站台。每天，他都穿一身蓝色的铁路制服，专注地做这件对他来说似乎过于简单的工作。

有一天，马卡姆像往常一样打扫站台。他不知道，在他对面停着的一节车厢里，有一个人被他的工作态度吸引了。这个人是铁路巡回主任杰拉尔德先生。在以后的日子里，马卡姆更换了多份工作，每换一次工作，马卡姆都拿出十足的劲头——像打扫站台那样彻底，那样让人无可挑剔。最后，他当上了伊里诺斯中央铁路局局长。

马卡姆很知足，他尽心地对待每份平凡的工作，最终使他的工作焕发出不同寻常的光彩。

知足的人“心地能平稳安静，触处皆绿水青山，放眼即天高云淡”。他们一般都能坚守“远处从近处做起，大事从小事做起”，平时“老老实实做人，踏踏实实工作”，不慕虚荣、不追名逐利，“处世流水落花，身心皆得自在；勘破乾坤妙趣，识见天地文章”，落得“两袖清风，一身轻松，悠然自得，无怨无悔”。

人生中重要的不是生命的表象，而是生命的本质。人生百态最重要的就是品行，踏实做人，认真做事，文明的品行和健康高尚的道德情操才是真正的自我归宿，是照耀心灵永恒的阳光！未经风雨的洗礼，激不起无穷的潜能；尘封的垢土，不经一番拭净，透不出亮丽的本质；染污的心垢，不经洗涤，焉能透出人性本善的性德呢？

生命是无常的，珍惜身边的亲人，珍惜身边的朋友，更要珍惜身边的爱人，执子之手，与子偕老，堂堂正正做人，认认真真做事，相信上天不会亏待你的，付出会与收获成正比的。

事情没有想象的那样糟糕

俗话说：“塞翁失马，焉知非福。”在现实生活中，我们经常会遇到一些失败和挫折，有的人，在面对失败和挫折的时候，会格外抑郁，甚至会一蹶不振。而有的人，总会在失败和挫折当中，保持积极乐观的心态，他们会在困境中发现积极的东西，等待转机的出现。这两种截然不同的态度，会造就不同的人生。

如果你本身不是很强大，你就会很容易被挫折打倒。其实，不管外界怎样，事情远没有你想象的那么糟糕。确实，你总是很低落，那是因为你还没碰到最糟糕的事情，别以为你认为是最糟糕的事情，它就真的是最糟糕的。很多时候你都是在自以为是，很多时候都是自己吓自己，还没想着事情怎样解决，就先把自己搞得像个糟老头一样。

在生活中遇到问题是不可避免的。问题的关键是当困难来临的时候你怎么面对它们。我们应该做的不是怨天尤人、自暴自弃，而是应该积极向上地寻找解决问题的办法。千万不要放大问题，更不要把这些困难归结于自己运气不好，能力不足。

莫泊桑说：“生活不可能像你想象得那么好，但也不会像你想象得那么糟。我觉得人的脆弱和坚强都超乎自己的想象。有时，我可能脆弱得一句话就泪流满面，有时，也发现自己咬着牙走了很长的路。”是的，生活不是像自己想的那么糟糕。当你真的想要做一件事情的时候，整个世界都会来协助你。

一个骑过川藏线的朋友说，只要出发就能到达，你不出发就哪里也去不了。如果你不能沉下心来，就什么也做不到。出发永远是最有意义的事，去做就是了。只想不去做没有任何意义，反而徒增焦虑，行动力才是最关键的。

王胜大学毕业后去了一家小的物流公司。从他进入公司后，朋友、家人就从来没有听他说过公司的好，总是听他抱怨公司的不好。

有一天，王胜又向妻子抱怨自己的处境很糟糕。妻子打断他的话说：“你同事也没有像你这样抱怨啊？和你玩得比较好的李海不整天夸你们经理多聪明吗？还跟经理学了好多招呢！还说你那个同事挺会过日子吗？现在李海不也都学会理财了吗……哪有像你说的那样糟糕呢？”

王胜争辩道：“你说得倒轻松，是那么回事吗？”妻子反驳道：“那为什么李海那么认为呢？明明是你心态的问题，事实上情况并没有你所想的那样糟糕。”

王胜陷入沉思中……

的确，情况并不是你想的那样糟糕，主要是你的心态问题。如果你只看到不好的一面，你就不会有太多的热情投入到工作中，也不会怀着浓厚的兴趣去快乐地工作。而一个积极、热情的人不管做清洁工，还是当老板，不管环境多么糟糕，他都会像变魔术一样，让自己和周围的同事处于快乐的环境当中。

所以我们要保持乐观的心态，要知道生命的潜能是无限大的，而且在困境中也容易被激发出无限的可能性。正是因为我们身陷困境感到沮丧，事情才会有出现柳暗花明的那一刻。

一个人，只有在相信自己的时候，才会做出正确的抉择，才会有坚持下去的勇气和信心，才会有取得胜利的动力和信念。相信自己的能力和实力，才会有信心解决问题，克服困难，才不会在困境当中一味的悲观，一味的妥协。当你走过世间的繁华，阅尽世事，你就会幡然醒悟：生活并不需要太多的处心积虑，也不需要忍受过多的痛苦，自古万事难得圆，好也随缘，坏也随缘，再苦也要笑一笑！

倾听内心深处的声音

在这个物欲横流的年代，保持自己的一份洁身自好实属不易。相信自己的心，在内心保持着一份执着，这份执着是你内心唯一的声音。不论你走在哪里，你也一定会在错误与正确中感到茫然。这个时候你不妨问问自己的心该如何抉择。

其实，我们每个人最不了解的是自己。人们只了解自己的欲望，不了解自己的本性；只了解自己的所缺，不了解自己的所有；只了解自己的容貌，不了解自己的形象。为此，我们要学会倾听，它就像澡堂里面的镜子，茫茫雾气凝为水珠淌下来之后，镜里面就有真容。

世界上最难认清的就是自己，自己是自己最好的朋友，又是自己最大的敌人，你每天都在同自己战斗，然而，极有可能穷其一生，也没能真正地了解自己，不知道自己想做什么，又不能满足于已有的生活，却又不知道该如何改变。

其实，我们活着就是要做自己。学会倾听自己内心深处的声音才最重要。如果你瞻前顾后，没有自己的主见，不管做什么都要问一下身边人的意见，总是害怕自己的想法不正确。这样就无法倾听到自己内心深处的声音，不知道自己想要的究竟是什么，而这样的人注定成不了大事。

很多时候，我们的内心都为外物所遮蔽、掩饰，从而听不到或不愿意承认自己最真实的想法，因此在人生中留下许多遗憾：在学业上，由于我们还不会倾听内的心声音，所以盲目地选择了别人为我们选定的专业；在事业上，我们故意不去关注内心的声音，在一哄而起的热潮中，我们也去选择那些最为众人看好的热门职业。

我们习惯了为自己做各种周密而细致的盘算，权衡各种收益与损失，但是我们却忽视了去听一听自己内心的声音。

当生活变得干涸乏味，当饥渴的心灵觉得必须要好好审视自己的时候，请试着安静下来倾听内心真实的愿望。让内心的声音自由表达关于幸福、美丽和梦想的意义，体会生命之泉给心灵注入的希望和活力。这种倾听能帮助困境中的人们摆脱似乎已停滞不前的生命之舟，带我们跨入人生的另一阶段，让我们再度体验生命的甘美。

我们要学会静坐，学会只身独处，学会在夜深人静时分思考，并且与自己的心灵对话，认真聆听来自心灵深处的声音。那些声音也许孤寂、悠远、单调，但是必然清幽、纯粹、不事雕琢，因为那是来自另一个你的心声。外界太过嘈杂、尘土飞扬，几乎看不清事物的本来面目，唯有直视自己的内心，才会发现还有一方净土。

心理咨询师要做的事情，就是帮助困境中的人真实地、勇敢地面对自己的欲望、恐惧和愤怒，去掉蒙在心灵上的层层包装。这是一个非常艰难痛苦的过程，因为必须面对自己丑陋甚至邪恶的一面，但这种痛苦是值得的。最终将让心灵健康地在阳光下舒展。

我们可以成为自己的心理咨询师。在内心的声音发出呼唤的时候，鼓起勇气回应它，突破现有的舒适的界限，尝试新的愿望和冒险，承当由此而来的责任，体验丰富了的生命的内在乐趣。

每个人的价值观念都不同，对待一件事情的看法自然会不一样，当你开始让别人替你做决定的时候，你就已经迷失了自己。你都没有好好跟自己谈谈心，就随意的把决定权让给了他人。所以，遇事之前先别急着找外援，给自己一点时间去思考，倾听自己的内心，相信你会考虑出一个对自己负责的答案。

学会倾听内心深处的声音，你会发现你迷茫的时刻越来越少了，让你纠结的事情也渐渐消失。因为你明白了自己想要的究竟是什么，知道了自己的方向，这样的你再也不怕迷路了。当你学会了倾听自己的内心，你会发现你再也不需要去找人倾诉也不需要什么精神支柱，你学会了沉淀自己，找到了属于自己的生活方式。

人生很短暂，我们要把时间浪费在自己喜欢的事上才对。生活掌握在我们自己手中，不被外界因素所牵绊，多倾听自己内心深处的声音，保持自我，坚持初心，这样才不会给人生留下遗憾。

扎扎实实地过好今天

人生苦短，光阴金贵。珍惜当下的每一分钟，心灵之花自然鲜明、生命之花自然葱茏。常言道：无限风光在险峰。历尽艰难，方能将如诗如画的风景，尽收眼底。回首逝去的岁月，有收获，也有遗憾；展望未来的日子，有憧憬，也有期盼。我们应该记住：岁月不等人，过去的都已经成为过去，不会再回来。只有珍惜今天，利用好今天，把握好今天，才能收获明天，才能坦然面对纷繁芜杂的尘世。

不过，在生活中，有人痛苦地懊悔昨天，认为昨天很多的事情都不该发生。其实，正是由于他没有把握好已经过去了的那些“今天”，从而使那些由“今天”变成的昨天发生了不该发生的失误、挫折和失败。不管是生活在昨天的懊恼中，还是生活在明天的幻想之中，只要这些人不能自拔出来，就不可能成功。

其实，昨天、今天、明天，一切皆从今天开始。一个新的生命降临，首先呼唤的是今天，不可能赶上昨天；人生走完了他的全部里程，生命也将定格在今天，决不会跨入明天。人生的轨迹好像是一个圆，今天是起点，又是终点，抓住了今天，才有未来可言。

有一个叫威廉·奥斯勒的人，因为看到一句话而成为世界上最著名的医学家。他创建了全世界知名的约翰霍普金斯医学院，成为牛津大学医学院的客座教授，他还被英国皇帝册封为爵士。他死后，需要两大卷书，厚达 1466 页的篇幅才能记述他的一生。

那么，威廉·奥斯勒到底看到的是一句什么话，才使他获得了这么大的成功呢？他看到的是一个汤玛士·卡莱里的哲人写的“最重要的就是不要去看远方模糊的东西，而要做手边清楚的事。”可以说，他成功的秘诀就是因为他懂得抓住今天的光阴。

可见，我们应该忘掉昨天，抛开明天，扎扎实实地过好今天，养成一个“生活在完全独立的今天里”的好习惯。

美国有一所学校，每天上课前学生们都要念这样一段话：一生只有3天，昨天、今天、明天。昨天已经过去，永不复返；今天已经和你在一起，但很快就会逝去；明天就要到来，但也会消逝。

不得不说，抓住了今天，就是真正抓住了时间的要穴，在今天的沃土中种下了真诚与善良的种子，将来才会有一个幸福美满的结果。今天可以抹去昨天的伤楚与泪痕，让昨天的理想得以实现。珍惜今天，就不会错失机缘；珍惜今天，才是真正珍惜自己的生命；珍惜今天，才能有一个充实、无悔的人生。

抓住当下，拥抱眼前，不悔恨于昨日的荒疏，不寄望于来日的妄想，脚踏实地，虚功实做，久久方可为功。大文豪托尔斯泰告诫我们：“只有一个时间是重要的，那就是现在。”抓住今天，可以弥补昨天，准备明天。虚度今天，昨天将成为遗憾，明天将化为泡影。一切美好从今天开始，让我们共同把握现在，把握今天，珍惜眼前的每分每秒，走好每一步，努力把握好今天，怀着对明天的希冀和憧憬，收获美好灿烂的明天！

第十二章

担当：有大格局的人自有担当

有大格局的人自有担当。担当是为了无数的人们的福祉不断求索，居庙堂之高则忧其民，处江湖之远则忧其君。有担当的人，心系苍天念万民，足行大地创伟业，不犹豫、不怀疑、不浪费时间去见证别人的成功。站在高处，布好大格局，才能成就人生的辉煌。

有大格局的人自有担当

人生难免遇到艰难困苦、挫折失败，我们的内心可能也会感到惶恐不安。因此我们要淡定自若，敢于担当，解决我与物、我与境、我与人、我与社会、我与自然，甚至我与身心的关系。

平静地面对成功和喜悦，坦然地面对困难和挫折。不要因一时的成就而沾沾自喜，更不要因暂时的困难而悲观失望。我们要清除生活中的系统垃圾，充分调动一个人性格中的积极因素，拿得起放得下才是生活的智者。

在庭户之中只能见斗室，而于天地间自然眼界宽广，这是格局。鲁迅敢于正视淋漓的鲜血，敢于直面惨淡的人生，横眉冷对千夫指，俯首甘为孺子牛，敢言敢作敢当，为同仁呐喊，为革命鼓与呼，这是担当。

担当，是指人们在职责和角色需要的时候，毫不犹豫、责无旁贷地挺身而出，全力履行自己的职责，并在履职中激发自己的全部能量。简言之，担当就是承担并负起责任。民族要强盛，国家要发展，社会要进步，没有担当精神不行。

古语：顺境逆境看襟怀，大事难事看担当。担当是一种责任，是一种能力，是一种品格，是一种境界。敢于担当、善于担当，才能取得事业的发展或成功。

而格局就是无尽的远方，穿过重重阻碍，身负家国天下。有大格局的人自有担当。担当是为了无数的人们的福祉不断求索，居庙堂之高则忧其民，处江湖之远则忧其君。

有担当的人，心系苍天念万民，足行大地创伟业，不犹豫、不怀疑、不浪费时间去见证别人的成功。站在高处，布好大格局，才能成就人生的辉煌。

格局大小与否说实话是很难定义的，但是一个人是否拥有广阔胸襟却对自己以及周围的人影响很大。胸怀的大小会让你看见不一样的世界，会让你寻找到生活中旁人看不到的风景。

于丹说得好：成长问题关键在于自己给自己建立生命格局。为何要有大的格局？局限就是格局太小，为其所限。在今天这个知识不断更新的世界里，我们除了不断刷新自己的知识结构，还有一点很重要，就是尽量酝酿一种大胸怀。一个人格局大了，未来的路才能宽阔。

自古士人秉持“为天地立心，为往圣继绝学，为生民立命，为万世开太平”的立身哲学。他们有为民请命肝脑涂地者，有驰骋沙场马革裹尸者，有身处异域不改气节者，有面对利诱势逼不改初衷者，有为官一方与民同乐者，有著书立说延续中华文脉者，有壮烈激烈慷慨赴死者……

屈原“路漫漫其修远，吾将上下而求索”，范仲淹“先天下之忧而忧，后天下之乐而乐”，杜甫“安得广厦千万间，大庇天下寒士俱欢颜”，岳飞“八千里路云和月”，文天祥“人生自古谁无死，留取丹青照汗青”……这些格言诠释了什么是格局，什么是大我，什么是担当。

担当是“我不入地狱，谁入地狱”的牺牲，是“虽千万人，吾往矣”的豪迈，是“苟利国家生死以，岂因祸福避趋之”的坦荡。

克里姆林宫的一位清洁工曾说过：“我的工作同叶利钦差不多，叶利钦是在收拾俄罗斯，我是在收拾克里姆林宫。每个人都该做自己应该做的事”。“做自己应该做的事”，这就是角色意识。这种意识越是强烈，就越能担当。

曾经有一个叫玛格丽特的小女孩，从小就被父亲严格要求无论做什么事都要力争一流，“即使坐公共汽车，也要永远坐在前排”。大学时代的她，“总是野心勃勃，每件事都做得很出色”。

40 多年后，她成为了英国第一位女首相，并赢得了“铁娘子”的美誉。这位后来为我们所熟悉玛格丽特·撒切尔夫人成功地担当了她的人生和事业，她所凭借的就是“永远坐在前排”的强烈的“出位”意识。

舍我其谁，就是敢于行动，有强烈的开拓意识，敢于担当。

人生需要担当，有担当的人生才能尽显大气与豪迈；家庭需要担当，有担当的家庭才能拥有和谐与融洽；一个单位需要有担当的成员，有担当方能成就“经世之事业”；一个社会需要有担当的脊梁，有担当方能谋取天下的福祉。

担当既有普遍性的要求，也有特殊性的要求。它在客观上有大小轻重之分，在主观上有承担与放弃之别。担当不仅是修身齐家的需要，更是治国平天下的需要。

古往今来，担当价值千金，担当任重千钧。深刻认识和把握担当问题，做一个勇于担当、有所担当的人，对于个人和社会都具有非同一般的意义。

每个不曾起舞的日子，都是对生命的辜负

生命是有限的，在这一点上，大自然对任何生命体都是一视同仁的。因为生命有限，所以生命中的每一天都弥足珍贵，都值得我们用尽全力去好好度过。我们要知道：每一个不曾起舞的日子，都是对生命的辜负。

花在盛开的时候艳丽夺目，但始终难得百日之红。当花朵被雨打风吹去，零落成尘，仅剩下枯枝败叶时，它也不会变得毫无生机，而是积蓄力量，等待着冰雪消融后的阳春还暖。

人也是如此，不会每一天都有快乐的时光，我们要像草木一样，意气风发时，神采奕奕地过好每一天，伤心低落时，也不应该敷衍自己的时光。

在《钢铁是怎样炼成的》一书中，主角先是在战场上受了重伤险些死去，后又因为痛苦的疾病使他无法进行任何体力劳动。可是，他没有轻易放弃，而是开始是了另一种拿着武器的战争——写作。结果，他所写的小说不但成功出版而且大受好评。他完成了自己最大的目标，又回到了战斗的队伍中，开始了新的战斗历程。保尔·柯察金完全可以在自己受伤后靠政府来养活自己，但是他没有这样做，而是用自己的行动证明了自己的能力，也没有浪费一天的时间。这值得我们每一个人深思。

有人说过："抛弃了时间的人，与此同时时间也抛弃了他。"古代《名贤集》中也有记载："人生稀有七十余，多少风光不同在。长江一去无回浪，人老何曾再少年。"我们根本无法知道，我们会在将来的哪一天消失，但我们却可以知道，在我们活着的时候我们能做多少贡献，实现自己的

价值。过好每一天，是对人生的负责；把每一天都当作迈向梦想的步伐，则是对梦想的负责。

如果你无法重视生命中的每一天，那么你选择敷衍了事的日子就会越来越多。有了第一次，后面往往就会有接踵而至的后续。如果你认为放纵一次没有关系，那么你就会接二连三地找理由纵容自己。而且，越来越觉得心安理得。我们应该重视生命中的每一天，不仅因为它的独一无二，更因为它的一去不返。

朱自清先生曾说："燕子去了，还有在来的时候；杨柳枯了，还有青的时候，桃花谢了，还有在开的时候。但是，聪明的你请告诉我，我们的日子为什么一去不复返了"。不得不说，生命是由每一个日日夜夜组成的，生命就像流水一般一去不复返。我们又怎能祈求日子可以复返呢？生命是宝贵的，是美好的，也是脆弱的，所以我们一定要抓住生命的每一个瞬间，利用好生命中的每一天。

曾看到这样一个小故事。

小老鼠和小蚂蚁是一对邻居，小老鼠很有钱，小蚂蚁却很穷。小老鼠为自己建造了一所豪华的别墅，小蚂蚁对此感到艳羡不已。可是，它所有的钱加起来才够买其中的一块砖头。不过，它并未自暴自弃，发誓道："我现在的钱已经足够买其中一块砖了，过不了多久，我也能建一所这样豪华的别墅。"小老鼠嘲讽道："这是我听到的最好笑的笑话了，难道你就准备用一块砖建别墅吗？"小蚂蚁说："只要我愿意努力工作，早晚有一天，我能买到更多的砖头。"

从此，小蚂蚁比往常更努力地工作，而小老鼠每天都是灯红酒绿，花钱如流水。

不久，小老鼠花光了自己的积蓄，它对小蚂蚁请求道："你能借给我一点儿钱吗？"小蚂蚁反驳道："我要为建造别墅拼命攒钱，不过，我可以花钱购买你别墅上的砖头。"小老鼠只好把别墅上的10块砖卖给小蚂蚁换钱。

在这之后，每当缺钱的时候小老鼠就把房子里的砖抵押给小蚂蚁。

时间一长，小老鼠别墅上的每一块砖都成了小蚂蚁的，小蚂蚁便很不客气地将小老鼠赶了出去。从此，小蚂蚁实现了梦想，成了别墅的主人。

坚持永远比放弃要艰难，因为坚持是一个过程，而放弃很多时候只是一瞬间的事情。这也是为什么很多拥有雄心壮志的人，最终沦为看客的原因。无论在生活中遭遇了什么，我们都不该轻言放弃，要相信每一个生命都会发出耀眼的光芒。

20 世纪，一个生活在黑暗中的女性给人类带来了光明，她以坚毅的生命震撼了整个世界。她就是海伦·格勒，正是这么一个幽闭在盲聋哑世界里的人，毕业于哈佛大学。她还用生命的全部力量处处奔走，建起了一家家慈善机构，为残疾人造福，被美国《时代周刊》评选为 20 世纪美国十大英雄偶像。她的《假如给我三天光明》给了很多人无限的感动。

没有一步一步地丈量，便没有千里之行；没有一天一天地全力以赴，便不会有辉煌的人生。我们要善待来之不易却又转瞬即逝的每一天，生命中路过的每一个人。

往事不回头，未来不将就

在生活中，每个人都喜欢回忆，总觉得有些事自己原本可以做得更好，比如不应该跟他吵架，不应该放弃自己的爱好，不应该松开深爱女孩的手。如果回到那时那地，自己一定不会这样做。

其实，人生的一大悲哀，是对自己已拥有的东西很难再想起，却对已失去的东西念念不忘。别让过去的事故骚扰了现在的生活，更别让现在的生活打破自己美妙的梦想，不让浮云遮望眼，不给余生留憾事。

从前只是从前，从前已成过往，何必让整个世界跟着一起悲伤？握不住的沙，无论十指怎样紧扣，依然会漏；属于你的东西，无论怎么失手，都会拥有。与其矛盾挣扎，不如以一颗平静的心，去接纳我们所不能改变的事物。

今天就要做今天的事，但是我们很多时候却是用今天做了昨天的事，然后用昨天的痛来惩罚自己。

在《荷马史诗》中，有这样一个故事：

阿喀琉斯是一位大英雄，他的父亲只是凡界的英雄珀琉斯，而他的母亲却是海洋女神忒提斯。当阿喀琉斯降生到这个世界后，母亲忒提斯就倒提着他的一只脚将他浸入冥河之中，想让他拥有刀剑不入的钢铁身躯，他的全身上下只剩下脚后跟没有浸入冥河水，这也是致他死亡的关键所在。

与此同时，那场声势浩大的特洛伊战争也有他这个半人半神参与的身影。因为他除了脚后跟以外，全身都是刀枪不入，因而在特洛伊战争中立下赫赫战功，甚至将特洛伊主将赫克托尔杀死了，让希腊军取得了胜利。只是，他在后来还是被太阳神阿波罗的暗箭射中脚踵死去。

阿喀琉斯因为过去的一点儿疏忽而丢掉性命，而我们大多数人也因为过去做错的事情会持续悔恨。哪怕你想要刻意地去遗忘，偶然的回忆还是会痛苦。于是，人们很容易就进入一个逃避到痛苦、痛苦又想逃避的怪圈。

我们要做的是谨慎处世，尽力做到尽善尽美，尽量不要留下遗憾让自己悔恨。如果心里装满了悲哀，就不会有快乐的余地。而放下所有让自己不开心的人或事情，你就会认识到世界有多美好。放下，是为了以后更好地拥有。

无论我们走到生命的哪一个阶段，我们都该喜欢那一段时光，完成那一阶段该完成的职责，顺生而行，不沉迷过去，不戚戚地恐惧未来，这样的生命就很有意义了。在未来的日子里，就算成为不了你想成为的那种人，也不要成为那种让自己厌恶的人。你的人生，应当由你自己做主，为自己负责。

人生不可能事事都如自己所愿，现实可能会在你欣喜若狂的时候对你当头棒喝，彼时内心一定几近奔溃。有的人从此一蹶不振，而有的人越挫越勇，跟头摔得多了，也就更加坚强了。最终战胜那些苦难迎头而上的时候，赢来了胜利的曙光。

往事不回头，未来不将就。从今往后，用我们的一生去追逐梦想，去体味一种刻骨铭心的辉煌，就像虔诚的教徒站在耶路撒冷的圣地之上。

在这个世界，坚定而深情地活着

人的一生总要遇到许多问题，比如财务出现危机、健康出现状况、结束一段感情、亲人的离去、生活失去方向，当这个世界已经变得不是你想象的样子，你又该如何应对？在这个残酷的世界，我们怎样可以让自己过得更好？如何让生活有它本该有的样子？

也许，我们无法改变这个世界，但是最起码可以改变自己，改变自己的内心，改变自己的观念，世界会因为我们的改变而转变。不要因为遭遇不公平对待而气愤不已；不要因为一些不可理喻的事情而暴跳如雷。平凡的一生不代表碌碌无为；变得成熟也不意味着要丢掉初心。

人生在世，只要生命不息，就该坚定而深情地活着！即使世界再残酷，也挡不住我们前进的脚步。

余华先生曾在《活着》中说：“人是为活着本身活着，而不是为了活着之外的任何东西所活着。”这句话充满哲理，值得深思和回味。“活着”如此简简单单一个词，却是充满了力量，这力量不是吼叫，不是进攻，而是忍受，教导我们要懂得忍受生命赐予的苦难。

在茫茫的非洲草原上，当黎明的曙光刚刚划破夜空，羚羊妈妈就呵斥一只小羚羊：“孩子，赶快起来！”

“妈妈，天还没有完全亮，我能再睡一会儿吗？”

“不行，孩子，赶快跑！如果你跑慢了，就可能被狮子吃掉！我们跟其他动物相比，唯一可以活命的优势就是奔跑。只有比狮子跑得更快，你才有活命的机会。虽然练习跑步很累，但总比被狮子吃掉要好！”羚羊妈妈说。

与此同时，一头小狮子也在母亲的督促下练习跑步："孩子，赶快跑！我们好几天都没有吃过东西了。这些羚羊们太聪明了，它们在不断地练习奔跑。我们必须练习，只有跑得过羚羊，才有食物吃！"

这个故事告诉我们：无论磨难多么重，压力多么大，为了能活下去，我们就要不断地提升自己，否则只能被淘汰。可见，磨难没什么可怕的，面对磨难，我们要坚定而深情地活着。

杨绛说："我们曾如此渴望命运的波澜，到最后才发现：人生最曼妙的风景，竟是内心的淡定与从容……我们曾如此期盼外界的认可，到最后才知道：世界是自己的，与他人毫无关系。"是的，真正的平静，不是避开车马喧嚣，而是在心中修篱种菊。生活不应是为了周遭的人对自己满意而过，生活要有它该有的样子。

司马迁经受重重磨难，身体更是受到了不可磨灭的创伤。被无端剥夺了做男人的权力，但他用《史记》证明了他是一个非凡的男人；爱迪生没有因念不起书而抱怨连天，而是刻苦钻研，终成大器。纵观人类历史，在社会上有所建树的人，与其说他们改变了世界，不如说他们改变了自己。正是一个个思考，一个个领悟，然后将这些思考变通并付诸行动，才最终成就了自己。我们每个人都应该如此，即使生活掠夺了我们的一切，只要还活着，就要让生命焕发出光彩。

生活就是在不断战胜困难中前进，然后一步步向梦想的高塔攀爬，最后才可能抵达你所想要的高度。你看着那些站在顶端俯瞰一切的人，其实他们同样经历过你攀爬的过程，为何他们只是少数人中到达的呢？因为他们不曾放弃。

无论你漂在哪个城市，只要不放弃信念，那么你总会找到一片属于自己的晴空。可能不是所有努力都会开花结果，但努力总比不付出更有希望。生活不是知难而退，而要越挫越勇。

扛得住，世界就是你的

人的一生不可能一帆风顺，多多少少总会有一些坎坷和波折。世界上之所以有强弱之分，是因为有的人在面对困难时选择了低头，而有的人勇敢地站了起来。当你想要放弃时，不妨想想，也许阳光就在转弯的不远处，如果此刻放弃就永远触不到成功的希望。要对自己说：扛得住，世界就是我的。

在生活中，许多的人似乎被欲望冲昏了头脑，急功近利，好逸恶劳。殊不知，要想追求幸福快乐的生活，“吃苦”是必须经历的阶段。苦难就像是人们走向幸福黎明前的黑暗，只有吃得了苦，才能享得了福。

史铁生说：“生命的磨难是一种必然降临的节日。”于是他从瘫痪中挺了过来，不为别的，只为深爱他的母亲可以舒心；贝多芬在失聪的苦难中谱写出了激昂的《第九交响曲》；曹雪芹在举家吃粥的 10 年里写成了鸿篇巨制《红楼梦》。在他们看来，苦难并不可怕，只要跨越了它，苦难就会给你送来一笔丰厚的财富。

在某次十大杰出青年座谈会上，一位杰出青年的发言震动了在场所有的人，他就是赖东进。他的家庭可以说是一个残缺不全的家庭：父亲是个盲人，母亲也是个盲人弱智，除了姐姐和他，几个弟弟妹妹也都是盲人。生活在这样一个家庭里，他们没有好的生活条件，甚至只能住在乱葬岗的墓穴里。

家里所有的支出全靠赖进东的父亲一个人承担，很苦很累，但还是送他去读书。由于经济能力有限，才 13 岁的姐姐为了能让弟弟有出头之日，自愿外出打工挣钱。姐姐走了，照顾一家人的重任就落在他的身上，他既要读书，又要照顾失明的父母弟妹，甚至还不得不忍受同学们歧视的目光，但是他从来没有缺过一天课。

后来，他如愿上了一所中专学校，竟然获得了一份纯真的爱情。但受到未来丈母娘的阻拦。为了阻止自己的女儿跟赖东进交往，她甚至不惜动用暴力一次次地把来找女儿的赖东进打回去……

这些苦难都没有击退赖东进对生活的热情。相反，经过一次次的磨难，他开始感恩生活，甚至感谢苦难的命运。通过和磨难的抗争，赖东进从一个生活在乱葬岗里的小乞丐变成了一家专门生产消防器材公司的厂长，并被选为第 37 届十大杰出青年。

在最悲伤的时刻，不能忘记心中的信念；在最幸福的时刻，不能忘记人生的坎坷。我们需要坚定的信念，支撑我们去应对每一次困难的挑战，让我们的心不被各种诱惑蒙蔽。正如马云所说：为什么我的座右铭是“永不放弃”？因为这个世界上最大的失败就是放弃，放弃其实是最容易的。所以我想讲的是，活着就是胜利。这个世界上最痛苦的是坚持，而最快乐的也是坚持。

我们来看一个因为坚持取得成功的事例。

1883 年，工程师约翰 · 罗布林雄心勃勃地想着手建造一座横跨曼哈顿和布鲁克林的桥。然而桥梁专家们却不看好这个想法，劝他趁早放弃。罗布林的儿子华盛顿 · 罗布林是一个很有前途的工程师，他确信大桥可以建成。父子俩构思着建桥的方案，琢磨着如何克服种种困难和障碍。他们设法说服银行家投资该项目之后便组织工程队，开始施工建造他们梦想的大桥。

然而，开工仅几个月，施工现场就发生了灾难性的事故。罗布林在事故中不幸身亡，华盛顿 · 罗布林的大脑也严重受伤，丧失了活动和说话的能力，万幸的是他的思维还和以往一样敏锐。是继续修建，还是就此放手，这是一个问题。就在大家都以为这项工程会泡汤时，华盛顿 · 罗布林决心要把父子俩费了很多心血的大桥建成。

有一天，华盛顿·罗布林躺在病床上，他用唯一能动的一根手指敲击妻子的手臂，用这种奇怪的密码方式让妻子把他的设计和意图转达给仍在建桥的工程师们。整整 13 年，华盛顿就这样用一根手指指挥大家建桥，最后建成了雄伟壮观的布鲁克林大桥。

每一个人在奋斗中都会遇到各种困难、挫折和失败，是选择继续坚持，还是举手投降，会有截然不同的结果。华盛顿·罗布林是好样的，他没有被困难所击倒，用顽强地意志坚持下来，最终实现了自己的梦想。

在生活中，我们常常在做了 99% 的努力以后，放弃了可以到达成功彼岸的那 1%。其实，失败和成功之间，往往只有一线之隔。面对逆境，潇洒走一回，一切都无所谓，这何尝不是一种领悟？我们要想攀得更高，望得更远，就应走好当前的每一步。人生绝不相信眼泪，不相信你那可怜的目光，自强方能不息。

张开双臂，迎接迎面而来的苦难

在生活中，每个人都难免会被生活带入各种各样的困境之中。处在困境中，没什么可怕的。毕竟，有苦有乐的人生才是丰富的，有成有败的人生才是精彩的。人只要生活在这个世界上，就会有很多烦恼。成功或是失败，痛苦或是快乐，取决于你的内心。再重的担子，笑着也是挑，哭着也是挑；再不顺的生活，坚持着撑过去了，就是胜利。学会坚韧，学会苦中作乐，唯此才能抵挡人生中不测风雨的来袭，才能做到失意时不失志，于莞尔一笑间接受命运严肃的挑战。

一个人若想卓尔不群，就要有鹤立鸡群的资本，如果承受不住忽视和平淡，就很难达到辉煌。只有经过常人不能接受的痛苦磨砺，才能让自己从一粒沙子变成一颗价值连城的珍珠。很多时候，成功者与失败者的区别并不是才能和机遇，他们仅仅败在了那一点点的坚持上。

有一位哲人问他的三个徒弟："我们来到人世间是为了什么呢？"第一个徒弟回答："为了享受快乐。"第二个徒弟回答："为了承受痛苦。"第三个徒弟回答："既要承担生活给我的磨难，又要享受生活赐予我的幸福。"最后，这位哲人给前两个徒弟打了50分，而给第三个徒弟打了100分。因为前两个徒弟只答对了问题的一半，而第三个才答对了人生的价值。

的确，苦难可以毁灭一个人，也能成就一个人。强者会把苦难作为自己奋进的风帆，弱者会在苦难中自怨自艾、自甘沉沦。把精力和光阴耗费在抱怨上，不如想办法去奋斗。

有一个小女孩站在 3 米跳台上，脸上写满了恐慌。尽管老师和同学不断地鼓励她，她还是害怕得泪水流了出来。她的泪从闭着的眼里流出，还挂在腮边，但身体却已经飞下跳台。从水里出来后，小伙伴问她是怎样战胜胆怯的。她颤抖地说："爸爸说过，遇到困难的时候闭着眼睛也要往前迈一步。"

正因为有这样的信念，她在学业上进步很快，尤其是在科学方面显露出不同凡响的能力与才华，她两次参加华约国家奥林匹克数学竞赛。32 岁时，她获得了物理学博士学位。同时，她开始了另外出色的一面，那就是对政治的极端关心与关注，以及由此所延伸出来的属于她的政治辉煌。

她就是安格拉·默克尔——德国历史上第一位女性总理，也是最年轻的总理。

再往前迈一步，很多情况下可以让我们走出困境。所以，当我们遇到困难的时，当我们的日子过得很苦时，要时刻告诫自己：不要退缩！即使害怕，也要勇敢地再往前迈一步。

每个人的人生都是不可复制和雷同的，在走向成功的路上，都会遇到阴雨绵绵的困境和电闪雷鸣的阻隔，如何战胜勇敢前行要自己去选择。正视痛苦和磨炼，需要从改变自我为根本出发点，需要一个坚定不移的信念不断引导着前行，需要不断地给自己信心和力量愈合自己软弱一面，需要勇气和力量突破限定性的思想和采取大量有效的行动。

不得不说，生活有苦也有乐，既要能品味苦辣酸甜的淡然，也能正确面对成功后的坦然，这样的历练过程是从稚嫩走向成熟的必然，不经一番寒彻骨，哪有梅花扑鼻香，不经历生命的艰苦磨难，哪能创造生命的奇迹。

法国作家巴尔扎克说得一针见血："苦难对于天才是一块垫脚石，对能干的人是一笔财富，对弱者是一个万丈深渊。"如果我们渴望成功，就不能总是蜷缩在温暖的火炉旁，畏惧磨难的袭击。如果我们想达到至真至乐的境界，必须要经过一番磨砺和修炼；如果我们想要体味真正的快乐，就先要学会承受痛苦的磨砺。

在我们周围，有很多人之所以没有成功，并不是因为他们缺少智慧，而是因为他们自认为已陷入绝境，面对苦日子，不知道该如何面对。其实，人生没有绝境，即使到山穷水尽，无路可走时，只要坚定信念，不妄自菲薄，走出门去，外面就是一片新天地。

美国教育学家乔治·桑塔亚纳说："人生既不是一幅美景，也不是一席盛宴，而是一场苦难。"不幸的是，当你来到这世界那一天，没有人会送你一本生活指南，教你如何应付命运多舛的人生。人生会像一场热闹的派对，但在现实世界经历了几年风雨后，你会幡然醒悟，

日子再苦，也要认真地过。再累再苦也要笑一笑，人生才会更加美好。

掌控了当下，就掌控了未来

常常听人扼腕顿首："我曾经应该怎样怎样"；也常常听人激情展望："我以后一定要怎样怎样"；却很少听人说："我现在应该怎样怎样"。于是，过去的事就在百感交集的追悔中变成了长长的叹息，以后的事就在乐此不疲的追逐中又变成"过去的事"最终也归结为一声长长的叹息。而最现实的当下却因为一切近在眼前太过于真实，都被我们一次次忽略，于是我们一次次在当下跌倒。

其实，当下的往往是最容易把握的，因为它真切地存在于我们的生活中。人生，就像是一个时钟。我们在圈里轮回，每个人都有各自的轨迹。过去，不属于我们；未来，我们不可预知。我们对生命的夭亡、感情的幻灭无可奈何，真正属于我们的只有当下。一秒何其短，但无数个一秒连起来，就是生命，就是永恒。

《传灯录》中讲道：会元和尚师徒二人赶路，到一条条河边看见一女子待渡，无船无桥，老和尚二话没说就背女子渡过河去。回到寺庙小和尚忍不住问老和尚："出家人禁近女色，师傅为何要背那女子？"老和尚正色道："我早就放下了那女子，你怎么还背着？"

昨日已经过去，即使昨日发生了再美的事情，我们也无法让它重新来过，明天还未来到，你把未来想象的像花一样那也是以后的事情，纵使你的手再长也无法抓到，我们唯一能够抓得到、掌控的了的就是当下。掌控了当下，就掌控了未来。

"活在当下"也就是"快乐来临的时候就享受快乐，痛苦来临的时候就迎向痛苦”，在黑暗与光明中，既不回避，也不犹豫，以坦然的态度来面对人生。生命的意义也只能从当下去寻找，过去的事均已过去。不论是多美好且令人怀念，或是多么丑陋令人追悔，都没有必要沉湎于过去的情绪中。

国际著名二胡演奏家马晓晖这样说：“生命从降生的那一天就是一个过程，这个过程有长有短，这个过程的长短也是不以我们的意志为转移的，我认为活在当下很重要。但是昨天的美好会对明天产生影响，也会对未来起到美好的影响。我比较欣赏昨天、今天，我不是为未来而活，也不是为过去而活，我很注重当下。”所以，我们要放下过去的烦恼、舍弃未来的忧思，把全部的精力用来承担眼前的这一刻。

当你在外面努力打拼时，不要忘记欣赏一下路边的风景，或许人生的意义，不过是快乐地行走，享受这一路走来的点点滴滴，不要等到生命走向尽头的时候，才后悔没有享受到生活，让自己空留遗憾。试着把自己从繁忙的工作和琐碎的家务中解脱出来，踩着明媚的霞光去林荫小道上散散步；也可以在静谧的夜空下，悠闲地躺在阳台的藤椅上，欣赏一下满天的星星……

人活百岁，不过 3 万多天，白驹过隙，忽然而已。如果夸张而简明言之，人一辈子不过有 3 天，即昨天、今天、明天。昨天是作废的证票，是过去的历史，是无法改变的；明天是未到期的证票，是未兑现的事实，是无法预测的；只有今天才是可以把握的，是最现实的。

活在当下不是目光短浅，而是脚踏实地，活在当下不是忘记伤痛，而是努力进步。千里之行，始于足下。孔子说：“逝者如斯。”过去的日子就像清澈的水，固然清晰得历历在目，可是，若想抓住，却是不可能的。过去的已经过去，未来遥遥无期，不可猜测，为何要傻傻去憧憬呢？未来的梦只有靠今天的努力来实现，只有把握住今天，才能抓住未来。